建筑节能低碳最新技术丛书

建筑无源制冷和低能耗制冷

北京无源建筑规划设计院

刘令湘　编译

中国建筑工业出版社

图书在版编目(CIP)数据

建筑无源制冷和低能耗制冷/刘令湘编译. —北京：中国建筑工业出版社，2011.4
(建筑节能低碳最新技术丛书)
ISBN 978-7-112-12949-2

Ⅰ.①建… Ⅱ.①刘… Ⅲ.①空气调节系统：制冷系统 Ⅳ.①TU831.3

中国版本图书馆 CIP 数据核字(2011)第 044030 号

本书为《建筑节能低碳最新技术丛书》的第二分册，主要介绍了无源制冷的基本知识，最新发展动态、趋势和前景，分析了基于建筑物的热力学特性分析主要方法的有效性、基本原理以及适用建筑类型和标准条件。

本书可供建筑节能有兴趣的建筑业主，居者和直接参与建筑业、物业运行管理、维护保养的专业人士参考，同时对大专院校师生、研究生、相关研究设计院所人员也有借鉴价值。

责任编辑：于 莉 王 磊 田启铭
责任设计：李志立
责任校对：陈晶晶 王雪竹

建筑节能低碳最新技术丛书
建筑无源制冷和低能耗制冷
北京无源建筑规划设计院
刘令湘 编译
*
中国建筑工业出版社出版、发行(北京西郊百万庄)
各地新华书店、建筑书店经销
北京天成排版公司制版
北京建筑工业印刷厂印刷
*
开本：787×1092 毫米 1/16 印张：9¼ 字数：230 千字
2011 年 5 月第一版 2011 年 5 月第一次印刷
定价：**58.00** 元
ISBN 978-7-112-12949-2
(20185)

编 译 者 序

自从人类构筑房屋栖居以来，总是企求得到一个稳定的环境，努力探索以多种途径改善室内居住条件。然而，室内环境却往往被室外环境的每日和随季节变化以及建筑类型与运行方式的更迭所主宰。地域和季节的不同决定了人们强调制冷或者取暖，并且通过调控室内温度、湿度、光的利用以及空气质量来达致室内舒适的目的。

主要基于改善建筑围护结构隔热保护，消散建筑热负荷并得以低幅度降温的无源制冷(passive cooling)技术已被实践证明很有效。这一策略和技术已经相当程度地达到在建筑和工业上的实用程度。无源制冷技术作为空调的替代可以带来能量、环境、经济、可操作和高质量的巨大收益。

最近，世界范围应用空调的疯狂膨胀带来了上述各方面包括能量、环境、经济等的灾难性后果。有媒体报道，最近引发的希腊主权债务危机三个主要原因之一竟然是空调使用的浪费。在刚刚结束的希腊之旅中，笔者目睹了窗户和空调同时大开的情景。这也正是希腊学者在无源制冷技术研究方面走在世界前列的原因。

研究和应用无源制冷是一个多层次结合，多学科交汇的过程。它不能孤立地进行，而要和建筑设计的其他方面一起综合考量。本书考虑无源制冷和“混合式”(Hybrid)制冷系统环境设计的框架可归纳为——防止建筑热增益和散热：

- 景观设计充分利用室外空间；
- 建筑类型，造型设计和施工；
- 太阳光控制和建筑表面遮阳；
- 建筑围护结构隔热；
- 控制室内热增益。

本书还有三个主要目标：阐述无源制冷基本知识；报告世界上无源制冷最新发展动态、趋势和前景；基于建筑物的热力学特性分析主要方法的有效性、基本原理以及适用建筑类型和标准条件。

笔者将本书贡献给对建筑节能有兴趣的建筑业主，居者和直接参与建筑业、物业运行管理、维护保养的专业人士。更对大专院校师生、研究生、相关研究设计院所领导、专家和工作人员寄予厚望。

编译者还要在此特别感谢 Mark Zimmerman 先生《Handbuch der passiven kühlung》一书(Fraunhofer IRB Verlag 出版社出版，2003)授予其(Abb，5-1，5-2，6-1，6-7，7-3，7-10，8-3，8-4，8-6，8-7，8-8)copy-right。本书引用一些图片（均附有出处及作者）以飨读者，一并对作者致以诚挚谢意。

北京无源建筑规划设计院　刘令湘(Dr. lng.)

2011.1.15

目　　录

1 引　　言

在欧盟范围内，建筑能耗大约占到每年总能耗的40%。随着对“必须减少能耗”意识的提升，无源制冷特别是由无源制冷来替代空调的兴趣日益增长。

依据历史和自然法则，人类首先成功地控制并满足了冷季采暖的需求。然而，现代社会人们对热季最佳地利用资源和生产能力来制冷——创造凉爽环境的需求变得特别迫切，如下两点愈显突出：

(1) 现代技术进步特别是材料科学发展涉及日趋复杂的建筑结构要求以及人们期盼的更高的生活和工作标准。

(2) 空调设施可以调控室内温度、湿度和空气质量；但因其运作基于机械系统，耗费大量电能的弊端十分突出。

再者，能源特别是不可再生化石能源的存储枯竭以及价格上涨要求人们重新考虑建筑设计和空调系统的应用：采用新的技术和过程，最佳地利用自然法则和手段来达到建筑条件舒适的目的。

本章首先回顾制冷过程和制冷技术的历史，包括自然制冷和机械制冷；同时结合当前发展方向、趋势和实践，引入无源制冷和低能耗制冷的基本概念。

直觉的自然制冷技术，即便在早期文明阶段也是很成功的。无源制冷技术也是一样，只不过更涉及当今可提供的技术和认知(know-how)，并且成功地融入建筑设计和运行之中，以期达到一个恰当的形式和最佳的效果。

1.1 制冷技术发展的历史回顾

制冷技术历经几个阶段：由直觉的自然制冷技术，如遮阳、蒸发制冷和空气循环，使人们感知舒适；到后来的机械制冷以及基于机械制冷原理的空气调节循环系统。事实上，这些众所周知的技术、工序和系统亦有一个历史回归过程。

1.1.1 历史早期阶段

在人类历史早期阶段，人们在土地上构建遮蔽处所，作为栖居生活空间，以期能够达致舒适凉爽的条件。利用既有的和自然的条件，产生了后来的建筑物。人们利用了这些既有的和自然的条件，却没有基于对所涉及物理过程的理解，仅仅凭直觉的经验。这些应用大部分是简单的，如敞开让空气流动，内部和外部遮阳，恰当地安置建筑物间的空间(种植、开辟池塘等)或者采用合适的建筑材料(建筑外表用冷大理石和浅颜色)。

除此以外，空气在室内空间的流动能够避免因热增益直接导致的室内环境的不舒适。这取决于建筑设计与各种基本的、简单的但是有效的原则相互结合。建筑物的敞开给予空气更宽广、更自由的空间，显现能够达到很有效的制冷效果。即便室外空气温度并不理想，空气的移动也会给人体一种凉爽的感觉。

房屋建筑本身能通过恰当的遮阳手段避免热增益来袭，对使用者提供足够的保护。

建筑借助周围环境景观提供遮阳和蒸发制冷，既有美学因素，也可以改善室内微气候。建筑物旁密集的植被不仅可以提供遮阳，而且可以吸收大量射向室内的太阳光辐射，使室内保持较低温度。此外，植被根系还可以使土壤水分的蒸发损失进一步降低。开放水面、喷泉、池塘和流水在欧洲建筑发展历史上具有特殊地位。水蒸发的相变可降低空气的干球温度，同时增加空气中的水分含量。

浅色建筑外表面在传统的希腊建筑上给人以愉快的感觉。图 1-1 是希腊 Santorin 岛上美丽风光。然而，浅色建筑外表面还有一个用途是反射更多太阳光，减少辐射进入室内，达到制冷效果。

图 1-1 希腊 Santorin 岛上浅色建筑外表构造了世界上最令人陶醉的绚丽风光，同时也反射更多太阳光减少辐射进入室内起到制冷作用

1.1.2 机械制冷

随着社会和科技进步，特别是在热力学、流体力学和热传导领域，促进了室内空调的开发和设计：机械式制冷设施满足了大部分制冷和冷冻的要求。机械式制冷起源于 19 世纪中期，20 世纪初得以迅速发展。

根据热力学第二定律，热量不能自动地由冷的物体传导给热的物体。要完成这一过程必须要消耗能量做功。液体在蒸发时需要吸收汽化潜热，蒸汽在膨胀时也需要吸收热量。机械制冷正是利用了这个原理：利用被称为制冷剂的特殊液体在蒸发时吸收周边的热量，使周围环境的温度降低；然后把这种液体的蒸气又加以压缩，再冷却移去它的热量，使它又变成液体，然后把这液体再去蒸发吸热，如此循环往复，便能使蒸发器附近的温度不断降低，即把热量转移。

机械制冷装置由压缩机、冷凝器、节流装置、蒸发器四个主要部分组成，图 1-2 简单描述了一个机械制冷装置的工作过程。

至于制冷剂，在 20 世纪 30 年代的冰箱中多采用氨、二氧化碳、氯甲烷等，却显现不少问题。经过几十年的努力，无毒不燃、可经受考验且具良好的热稳定和化学稳定性、不腐蚀金属并且工作高效的介质诸如 CFC-12（二氯二氟甲烷）、CFC-11（三氯一氟甲烷）、HCFC-22（二氟一氯甲烷）为大多数商业空调所选用。然而，统称氟利昂的含氯氟烃制冷剂已被广泛认为是破坏臭氧层的元凶。臭氧层的破坏将导致以下问题：(1)损害人类健康，破坏人体免疫系统；(2)危及植物及海洋生物；(3)产生附加温室效应，从而加剧全球气候变暖；(4)加速聚合物的老化。因此，保护臭氧层已成为当前一项全球性的紧迫任务。

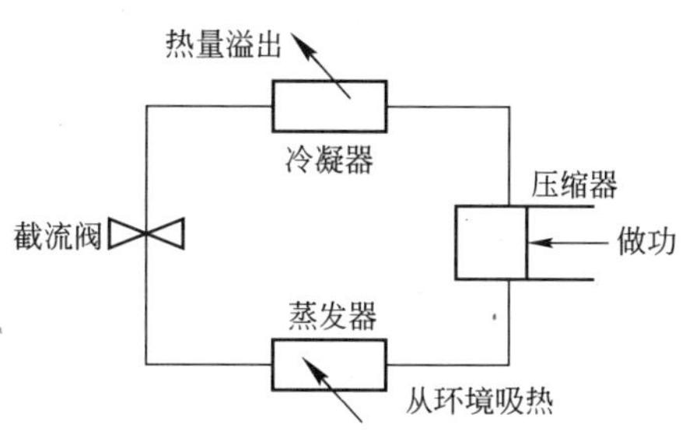

图 1-2　机械制冷工作过程示意图

尽管基于机械制冷的室内空调系统基本满足了大部分制冷和冷冻的要求，但是消耗大量电能并引发世界范围内能耗剧增和制冷剂导致环境污染的问题日益成为人们聚焦的中心。与此同时，人们对于夏天制冷的要求却愈加迫切，意识也更加强烈。

1.1.3　夏天制冷的迫切需求

舒适的室内小气候对于人们的健康十分必要，也是对建筑物功能的基本要求。在地球上很多地区，夏天制冷和冬天采暖一样重要。相对而言，在冷天保暖要比暑季防热更容易些。然而，在某些地区，如中欧，大部分建筑没有考虑制冷。

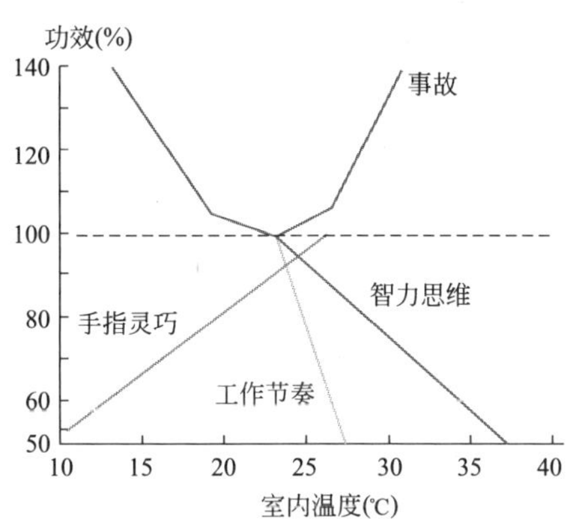

图 1-3　过高或过低的室内温度导致工作功效急剧下降

（来源：D. Wyon）（夏季着装坐着办公的情形）

愈来愈多的情况下，人们需要采取必要措施以确保夏天室内小气候舒适宜人。这是因为：制冷并非不必要的奢华而是良好工作岗位的前提条件。瑞典人 D. Wyon 的研究成果表明：室内温度在 23℃时，工作效率最佳（见图 1-3，这是按夏季着装坐着办公的情形考虑的），过高或过低的室内温度都将导致工作功效急剧下降。

另外，随着 IT 技术和设施依照指数级飞速发展，办公室设备热负荷超迅猛增长，更加速了建筑室内制冷的渴望。

1.2　为什么要无源制冷

在各种建筑中，空调应用发展迅猛异常。据统计，在经济合作与发展组织（OECD）成员国的建筑中，已有 46％采用空调并且每年以 7％的速度继续攀升。除此之外，OECD 成员国住宅制冷的能耗在 1990 年到 2000 年间就增加了 13％，已达到这些国家全部耗电量的 6.4％（据国际能源局 IEA，2003）。另据报道，在日本服务业应用空调接近 100％，在美国达 63％，欧洲国家为 27％。在我国，近年来空调行业持续快速发展，空调产品由“生活奢侈品”逐渐转变为日常生活用品。这不仅大大刺激了国内空调产业的发展，耗电量也急剧增加。据《中国电信节能减排技术应用蓝皮书》报道：空调系统是中国电信耗电的主要设备，耗能上占有相当大的比例：超过了用电总量的40%。

空调应用之所以急剧发展源于多种因素，例如：

(1) 通常的房屋类型没有考虑室内小气候，并导致夏天能量需求量剧增；

(2) 周围环境温度渐升，特别是城市市区的“热岛效应”更使夏日建筑制冷的要求趋于恶化；

(3) 消费者对“舒适文化”认同以及消费行为取向和企盼的变化；

(4) 人们生活水平的提高，消费投入更趋高档；

(5) 建筑物内部电力负荷增容。

下面择要分别讨论。

1.2.1 通常的房屋类型

采用通常的房屋类型是导致建筑制冷要求剧增的重要原因。很不适应局部空气调控的现代建筑类型不允许高效地控制太阳能和热能，同时有效自然通风也受到严重限制。

例如，采用通常类型的办公室建筑制冷能耗需求量为200kWh/(m^2・a)，采用良好隔热的办公室建筑制冷能耗需求量为40kWh/(m^2・a)，而最佳生态无源办公室建筑制冷能耗需求量仅为5kWh/(m^2・a)。图1-4给出了各种不同类型建筑制冷能耗需求量的示意图。

这里需要指出的是：虽然通常类型办公室建筑具有高制冷能耗需求，其舒适度条件却比良好隔热及无源建筑还要相差许多。另外，由于不恰当的通风速率，通常类型办公室建筑内的空气污染物集中度也更高。

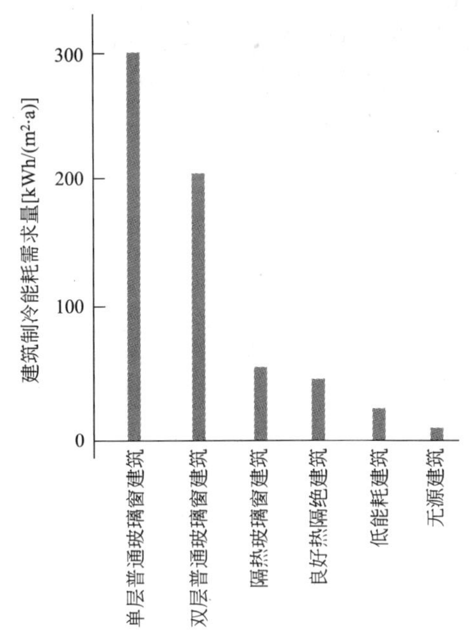

图1-4　各种不同类型建筑制冷能耗需求量示意图

1.2.2 气候变化和城市热岛效应

城市热岛效应(Urban Heat Island Effect)是指城市中的气温明显高于外围郊区的现象。在近地面温度图上，郊区气温变化很小，而城区则形成高温区，就像突出海面的岛屿，由于这种岛屿代表高温的城市区域，所以就被形象地称为城市热岛。

图1-5形象地勾画出了城市热岛的情形。

城市热岛效应使城市年平均气温比郊区高出1℃，甚至更多。夏季，城市局部地区的气温有时甚至比郊区高出6℃(如北京)甚至于10℃以上。图1-6给出了在一些欧洲城市测量的热岛强度。

热岛效应属于气候变化现象，对建筑制冷的能耗有极其负面的影响。如对日本东京的研究表明，由于热岛效应的作用，从1965年到2000年同样建筑制冷的能耗增加了50%。另据美国洛杉矶的统计，环境温度每增加1℃，电功率需求量增加540MW。全美国夏天由于热岛效应的电费增量达每小时 100 万美元。图 1-7 显示了全球气候变暖以及世界大城巴黎、纽约和东京年平均温度百年来渐增的趋势。

图 1-5 城市热岛示意图

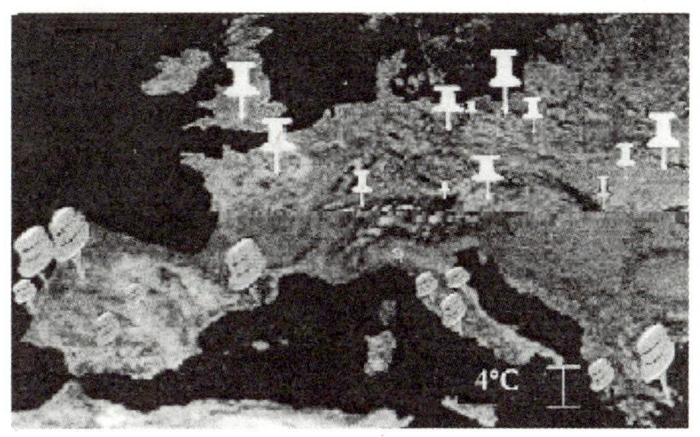

图 1-6 在一些欧洲城市测量的热岛强度

（来源：M. Santamouris）

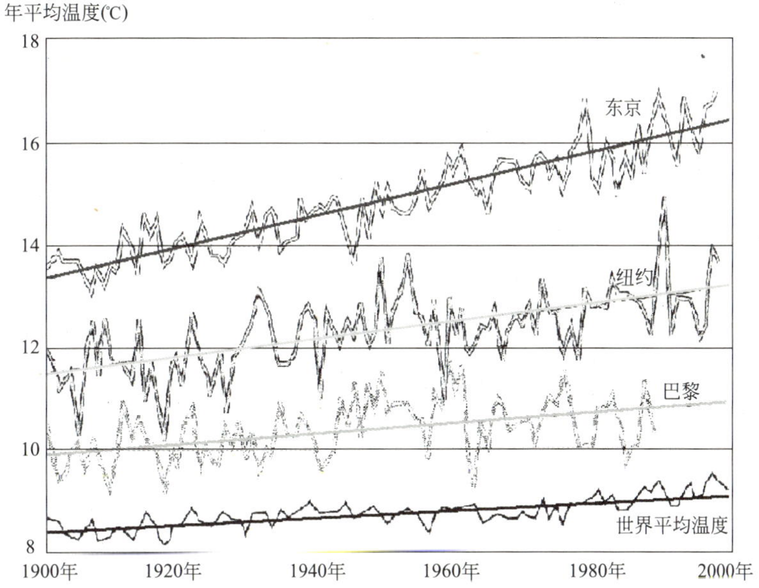

图 1-7 巴黎，纽约和东京年平均温度百年来渐增趋势

（来源：Murakami，2006）

1.2.3 热浪来袭

近年来热浪频频来袭更加速了建筑制冷要求的剧增。2003 年，欧洲热浪来袭让室内空调机销量猛涨 50%。据报道，2003 年热浪来袭时，法国电力需求猛增导致热核发电厂控制室过热而停止供电，全年电力供应也比 2002 年净增 10%之多。

昼夜热浪来袭令人精疲力竭，图 1-8 示出东京统计的昼夜热浪高温酷热天数和暑热致死人数间的关系。

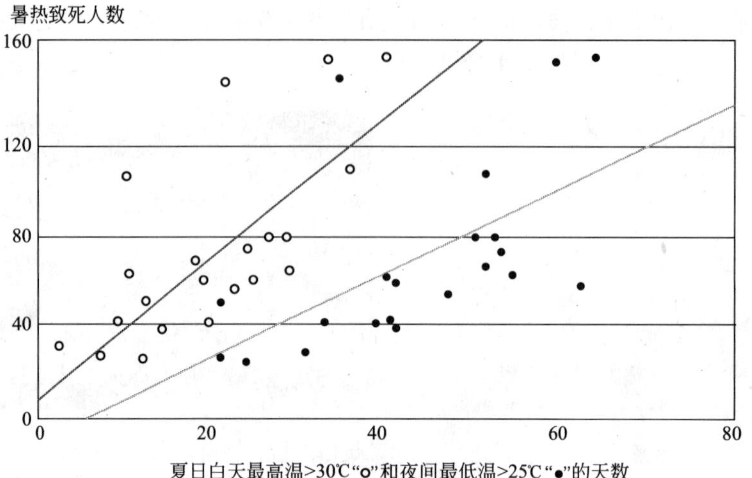

图 1-8　日本东京统计的昼夜酷热天数和暑热致死人数间的关系
（来源：Murakami，2006）

1.2.4 “舒适”认同以及消费行为取向的变化

消费者对“舒适文化”认同以及消费行为取向和企盼的变化也成为采用空调的重要原因。舒适不仅仅体现为室内温度的功能，也有穿衣取向的作用。据 Waide 的数据，在美国佛罗里达一座建筑制冷和制热电耗与环境温度间的关系（见图 1-9）表明：空调系统工作与否几乎没有死区断点。这也意味着：不管外面气候条件如何，消费者总穿同样舒适的衣服——“舒适文化”认同及消费行为取向的变化。

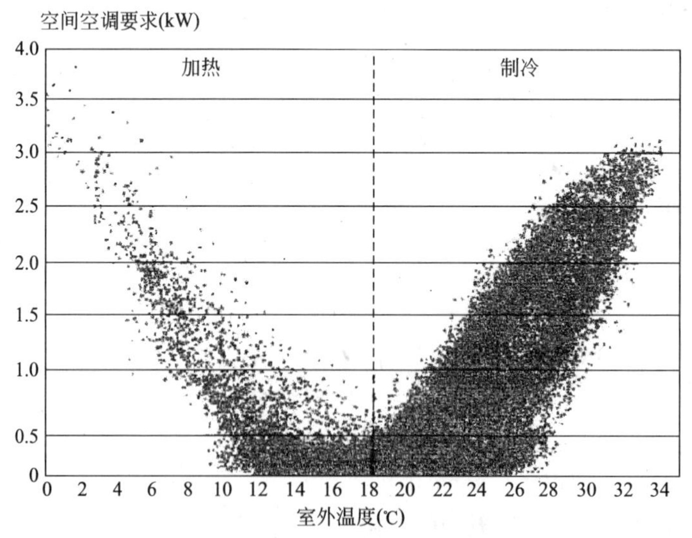

图 1-9　美国佛罗里达一座建筑制冷和制热电耗与环境温度间的关系
（来源：Parker，2004；Waide，2006）

人们生活水平的提高，消费投入更趋高档，也导致空调器市场飞速膨胀。

1.2.5 采用空调引发的问题

与日俱增地应用空调除了如上所述的建筑能耗急剧膨胀外，尚有如下负面效应：

（1）尖峰电力负荷增加：据报道，在日本、美国、南欧和澳大利亚，使用空调已经成为导致尖峰电力负荷增加50%的主因。另外，尖峰电力负荷增加而不能新建电厂使得尖峰负荷供电期的电费涨了近2.5倍。

（2）与臭氧层被破坏和全球暖化相联系的环境问题：欧盟国家应用空调的激增不仅造成电耗急剧加大，而且随之而来的还有大量CO_2的排放。在1990年，空调制冷耗电1900GWh，2020年这种电能消耗量将达到44430GWh。相应地，CO_2排放将由1990年的516000t提高到18100000t。

（3）室内空气质量问题。

（4）采用基于机械制冷系统空调机数量的剧烈增加导致城市景观“毁容”的严重后果。图1-10所示的崭新建筑盲目安装机械制冷系统空调机引发的乱象景观在发展中国家不难发现。

图1-10 崭新建筑盲目安装机械制冷系统空调机引发的乱象景观

1.2.6 出路——无源制冷

高效能和无源制冷，相对通常能源发电而言算是最有效而且最便宜的选择。图1-11给出了各种不同能源类型发电项目投资成本和运行成本的比较。显然，高能效—节省电能和无源制冷为最佳。

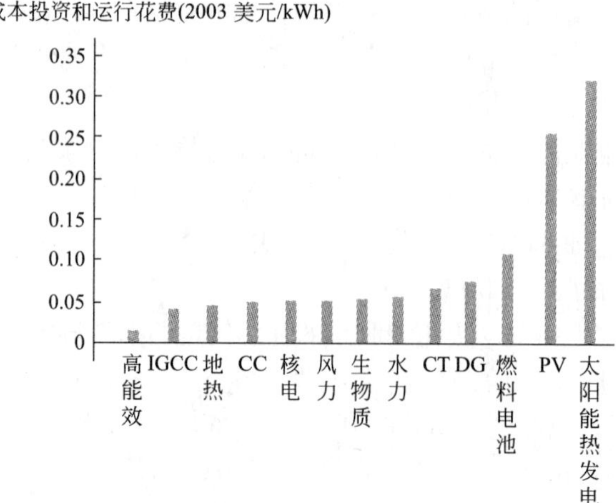

图 1-11 各种不同能源类型发电项目投资成本和运行成本比较(Holt, 2005)

图中，IGCC——煤气化联合循环发电厂，Integrated Gasification Combined Cycle Plant;
CC——联合循环发电厂，Combined Cycle Power Plant;
CT——燃气轮机发电厂，Combustion Turbine Power Plant;
DG——分布式发电，Distributed Generation;
PV——光伏发电，Photovoltaic Generation.

1.3 什么是无源制冷

1.3.1 无源制冷的定义

严格意义上讲，“无源制冷”是指建筑的制冷系统不采用那些耗能的元器件(诸如泵、风机)来驱动也能在盛夏使建筑内部达到凉爽的目标。

无源制冷建筑设计试图将物理基本原理引进建筑围护结构，以期做到以下方面：

(1) 减缓外部热量向建筑物内传递——这涉及传热机制：热量传导、对流热传输和热辐射(最原始、最基本的是来自太阳的热辐射)。

(2) 将建筑物内部不需要的热量排除出去——在伴有凉爽干燥夜晚的温暖天气，内部热量去除可以通过通风来达到。而在伴有闷热令人不舒服夜晚的湿热气候，采用通风却适得其反。这时候，某些类型或者太阳能空调更具高性价比。

上述措施往往和对建筑进行良好夏日热量保护在共同起作用。很多情况下，只采用纯无源制冷措施并不够。这不仅仅是因为“无源制冷”自身制冷效能的局限，而且在于纯无源制冷系统一般要求工作在最佳工况，它对使用状况的变化(如室内突加附加热负荷)很敏感。除此之外，极有可能的气候变暖会使得纯无源制冷的功效大打折扣。在这种情形下，为了不重蹈再使用有源制冷系统的覆辙，各种不同类型的所谓“混合式”(Hybrid)制冷系统应运而生。

为简单起见，无源制冷系统包括纯无源制冷和混合式制冷系统(图 1-12)。建筑无源

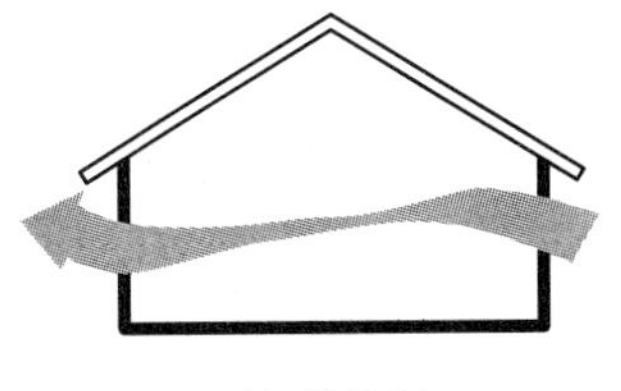

纯无源制冷

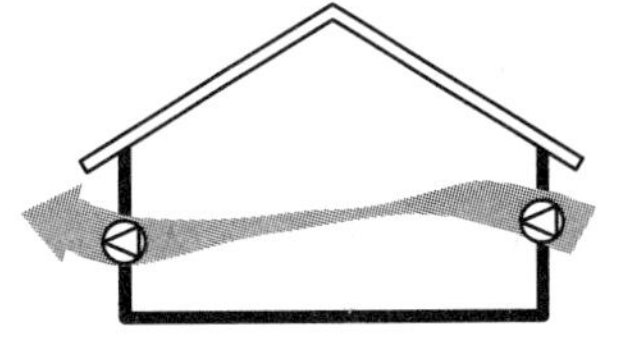

混合式制冷

图 1-12 无源制冷系统示意

制冷系统通常指的是制冷系统消耗功率 ≤10W/m^2。

技术的进步使得提供高效率、高性能同时仅需较低原始投资的制冷系统成为可能。

我们关心的焦点仍然集中在全面降低能量消耗特别是不可再生能源的消耗以及防止大气层环境污染上，即克服采用机械制冷系统的固疾。过去成功的无源制冷技术又获得重生，以代替机械制冷系统。

这里强调的是应用新的科研成果和新的技术突破，并且融入先进的建筑设计理念之中。研究表明：回归这样一些替代能源、替代技术和替代系统能够满足目前采用机械制冷系统的主要需求。

20 世纪 70 年代的能源危机以来，在自然制冷和无源制冷这一领域的研究成果和商业应用上都获得巨大成功，并且涵盖了自然和无源制冷过程，技术、热耗散和热调控、过热保护以及相关建筑设计技术。这些意味着：除了可再生能源之外再没有其他能源介入或者采用其他机械系统。

采用自然制冷和无源制冷更突出技术进步的新能力；更深刻理解整个过程的物理本质；更充分发挥效益潜能，强调使传统与现代的结合，新技术、新系统在建筑设计及环境设计中最佳地融为一体。

1.3.2 无源制冷技术和自然制冷技术的主要内容

除了上述方面，无源制冷技术还与使用者的热力学舒适度感觉紧密相关。无源制冷所用到的某些技术并没有移去建筑物本身的冷负荷，而是扩展人们在给定空间内热力学舒适度的容忍限度。

另外，还可以强调自然制冷过程，借助于机械上的热转移来增加无源制冷的效率。这样的应用正是图 1-12 右侧所示的所谓“混合式”(Hybrid)制冷系统，其能耗保持很低水平，但系统的效率和实际应用性大大改善。

无源制冷技术所涉及的技术主要包括如下两个基本方面：

(1) 防止热增益；

(2) 调节热增益。

防止热增益主要与下列设计技巧有关：

(1) 微气候和现场设计；

(2) 太阳光控制；

(3) 建筑物形式和外观设计；

(4) 隔热；

（5）居者使用模式和行为举止；

（6）内部热负荷控制。

调节热增益可以通过适当地利用建筑物的热质量(热惯量)，以期白天吸收和存储热量，到了夜晚回返给这一空间。

自然制冷涉及利用自然热沉降来消散室内空间的过超热量，这包括：

（1）通风；

（2）利用地热资源；

（3）蒸发制冷；

（4）辐射制冷。

组合各种不同类型无源制冷和自然制冷技术可以防止过热问题，降低制冷负荷，从而改善建筑物的舒适条件。

上述每一个题目的原理与应用将在以下章节逐一介绍。

2 制冷功率需求

室内制冷的目的在于：在周围环境(尤其在盛夏)大气候的背景下，营造室内舒适凉爽的小气候，其中最重要的是将导致房间过热的多余热量以足够的力度排放出去。

对于在此讨论的题目——无源制冷和低能耗制冷而言，制冷功率的需求自然排在第一位。

然而，多数情况下热负荷并非如计算时的制冷功率需求那样大。首先，不同的热负荷并不会同时出现，而且也不会总为常数。因此，按照这样的考虑，热负荷设计值将大为减少。

确定制冷功率的需求主要基于如下几个方面：

(1) 起决定作用的室外大气候；

(2) 对室内小气候的要求；

(3) 内部及外部热负荷；

(4) 建筑形式。

欲精确确定制冷功率需求，要求采用相对昂贵的动态建筑模拟。但根据制冷规则，对于计算纯无源以及混合制冷方案，精确确定制冷功率需求模拟计算还是颇具意义的，但并非必不可少，手算亦可给出足够准确的结果。

本章对上述确定制冷功率需求的主要方面分别讨论。无源制冷如何防止热增益以及各种自然制冷热沉降技术将在本章的最后作简单介绍，成为本书后面各章节的内容提要。

2.1 室外大气候

室外天气不仅对于确定外负荷至关重要，而且与热量如何被导出室外息息相关。所以，内部环境往往被室外环境的每日和随季节变化以及建筑类型与运行方式的更迭所主宰。

实际经验表明，在高海拔地区，在常规制冷中遇到的一些问题会得到十分迅速的缓解。这是因为：一方面，生成的热负荷本身就很小；另一方面，将热负荷导出室外亦较容易。海拔 1000m 以上就属于此种情形。制冷的措施在这样的大部分地区极为高效：制冷功率小，当然也就花费少。只有在存在大热负荷要求的情况下，才会对特殊的制冷措施感兴趣。如何才算大热负荷？这一界线常常由舒适体验来决定。

下面的讨论以中欧条件(以苏黎世夏天最热的八月)作代表，以无风为前提。中欧夏天气温多在 20℃上下，即便酷暑天夜晚也凉爽，即白天 20℃再上升 8～10℃；夜晚为 20℃甚至稍低。

与地点少许相关的是全方位辐射。在盛夏，并不是南立面而是东西立面影响最大。特别是东立面，太阳光清晨就直射，热量会保持整整一个白天。

2.2 室内小气候

按照瑞士工程师和建筑师联合会(Schweizerischer Ingenieur-und Architekten-Verein, SIA)的调查，制冷负荷是依据最高室内空气温度28℃来要求的。此时，要求机械制冷的年均值甚至每年不超过30K·h。超过30℃的酷热天没有考虑进去。

一般来说，要求制冷功率的考量以室内空气温度26℃为准，图2-1明晰了这种情况。

室内的其他小气候因素影响要么是与室内温度相比不是那么重要，要么对于安置室内制冷并不适合。

这些室内小气候因素为：

(1) 由于室内围护闭合表面温度差导致的热辐射不对称；

(2) 空气流动；

(3) 空气湿度。

图2-2给出了前两点的影响关系。

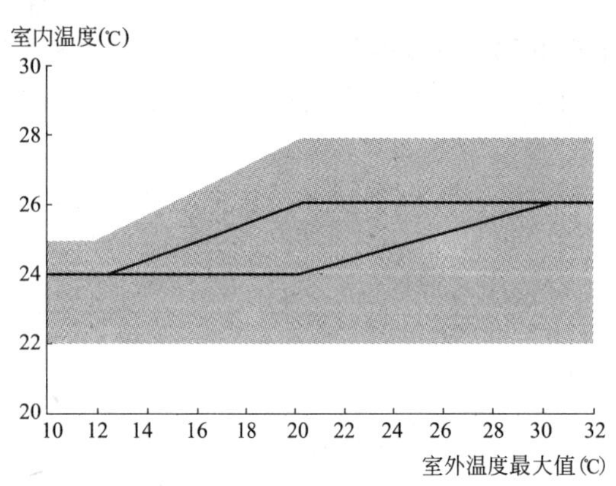

图2-1 与最高室外温度相关的室内温度布局曲线以及可调控范围

(来源：SIA)

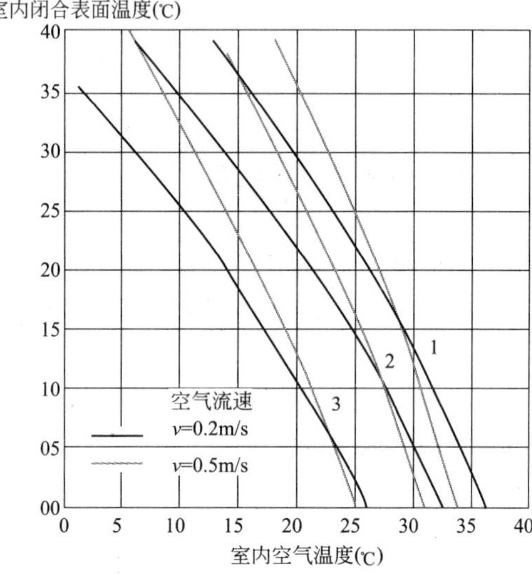

图2-2 夏天室内闭合表面温度与室内温度相关的舒适度参数

(来源：FANGER)

1—坐姿，中等着装；2—中等活动，轻着装；3—中等活动，中等着装

热辐射的不对称性在冬天也会出现，往往是由冷的玻璃窗引起的。在夏季，热辐射不对称性不甚明显：被加热的表面由于不恰当的建筑形式，或不够好的太阳光防护。一种希冀的功能可以容易地经冷却建筑部件表面来完成，如冷却建筑部件(降低1K)或有源冷却顶棚(降低1～2K)，轻而易举地实施。

空气路径同样提供一个手段使得即便室内温度在30℃左右也能改善舒适度。自然穿堂风可以迅速抵达边界。然而，一方面，暑热时节往往风也平静；另一方面，若外面空气温度高，强力空气交换甚至适得其反，使得建筑物内被加热。除此之外，不管是自然通风还是借助风机来通风，当空气流动路径明显时，立即给人一种形成干扰的感觉。

还有，空气的相对湿度也体现出能给予人们对空气温度感觉不同的影响。但是，只有使用机械制冷，空气湿度的控制问题才能得到解决，即在有吸收支持的制冷中有限制地应用。

2.3 内部热负荷

在中欧，夏天如果没有室内热负荷，则实际上没有建筑物制冷的必要。因为在这一地区夏天全日平均气温很少超过24℃，室内热负荷十分小。图2-3给出了典型行政办公用房一天的室内热负荷。

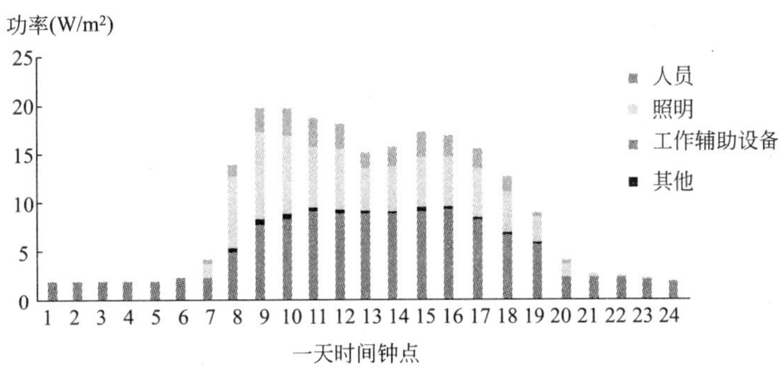

图2-3 典型行政办公用房一天的室内热负荷

（来源：R. Ruch et al）

进入房间热量可区分为与对流和与辐射相关联的两种：对流热负荷出现在室内局部，显现出较强烈和更趋直接的温度提升；与辐射相关的热量可较好地分配在存储体上，室内空间短时间被加热的可能性较小。一般来说，与对流相关和辐射相关的热量之比为55%∶45%。若在实际中更精确地考虑这种现象需采用动态模拟。

多余的热量一般不必立即排除。在通常情况下，白天进入的热量通过紧接着的夜晚就能全部导出。这样一来，室内温度大幅度跌荡起伏就会减少。一天的温度平衡由经建筑贮存块就得以进行。对这种小的或中等的热负荷我们不称为“瓦”W，而是称为“瓦·小时/(平方米·天)”[(W·h)/(m²·d)]。轻体建筑或者有特殊室内小气候要求时，仔细计算室内热负荷分配才有必要。

实际上，IT技术的飞速进步使办公室电器消耗的电功率降低，应用时间变长。

照明并不导致大的热负荷，灯的散热有75%从灯的外壳散出。现代办公室照明安装可以达到10W/m²和300～400lx。前提是尽可能使发光材料直接发光。为改善发光质量，1/3的光强可以由屋顶而非直接发光提供。这样一来，在同样照明光强下，功率增加很少。

在考虑热负荷时，人体发热亦不可忽视。对于单间办公室，可考虑5W/m²最多9h。大办公室，可考虑7W/m²达6h。一般地说，人员散热负荷占总热负荷的1/5左右。在会议室、教室、餐厅等人员聚集的地方，人员散热负荷更大些，占总热负荷的一半甚至2/3。

2.4 外部热负荷

讨论外部热负荷，通常依每日单位纯室内面积热负荷［Wh/(m²·d)］计，可以按照如下顺序：

(1) 穿过透明建筑部件的热量；

(2) 通过不透明建筑部件如墙体，屋顶等的热量传导；

(3) 通风带入的热量。

2.4.1 穿过透明建筑部件的热量

在穿过透明建筑部件热量的估量中，直接的太阳光辐射以及漫散射会占到热负荷的最大部分。窗户大小、朝向和遮阳对进入室内的热负荷起决定性作用。除了南向外，在夏天东西向进入的热负荷也十分强烈(图 2-4)。

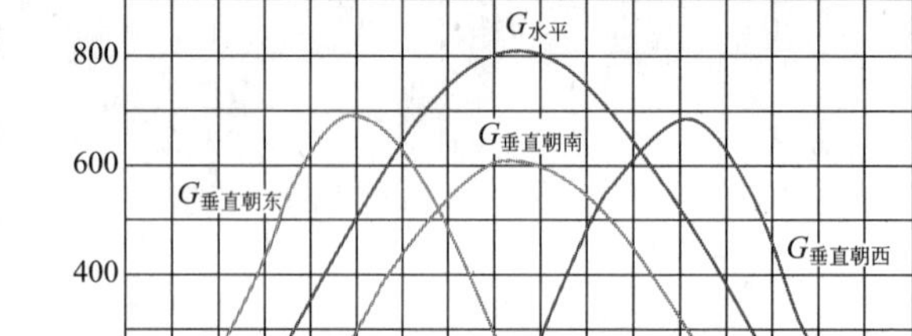

图 2-4 瑞士苏黎世八月各朝向立面最大全方位太阳光辐射(来源：SIA)

$G_{水平}$：6850Wh/(m²·d)；$G_{垂直朝东}$：4300Wh/(m²·d)；$G_{垂直朝西}$：4450Wh/(m²·d)；$G_{垂直朝南}$：4390Wh/(m²·d)；$G_{垂直朝北}$：1960Wh/(m²·d)。

从东向窗户进入的热负荷应当特别引起注意。自清晨起东向窗户就得到阳光的强烈照射，全部辐射(东)最长至 10h 于八月热负荷达 700W/m²。因此，早晨工作时间开始之前应有适当的遮阳措施。不然的话，上班开始几个小时室内温升好几度并将整天起作用。

最大的全部辐射在南向和西向窗上，这里外部和内部最高温度同时发生。此时，可以在前立面前放置手动遮阳帘。防止夏天过热的前提条件在于：适度的窗户面积和好的遮阳措施。然而，这与希望冬天无源利用太阳能的目标有矛盾。这一点只有通过适宜的遮阳来解决。

计算窗户上太阳能得热量 Q_S 采用如下公式：

$$Q_S = A_W f_R g \sum (S_F G_{max}) \quad [Wh/(m^2 \cdot d)]$$

式中 A_W——窗面积，m²；

f_R——窗面积中玻璃比例；

g——装玻璃(包括遮阳)总体能量穿透率；

S_F——制冷负荷系数(按 SIA 推荐值)；

G_{max}——最大全部辐射。

2.4.1.1 日光和热量入射

另一种彼此之间目的相互冲突之点在于日光的利用和与此相关联的太阳入射。日光不仅最为令人愉悦，而且能有效地给房间照明。照亮部分大约占从窗户进入太阳光入射的 50%。通常，1W/m² 太阳入射可产生 115lx 光强。用如今广为采用的发光材料照明灯，出光功率比仅为 20%。要产生 50lx 光强，就必须容忍 $1W/m^2$ 的输入功率。

然而，人们利用入射的日光只是非常少的一部分用作照明：窗户附近仅用了 10%；在离开窗户 4m 远的房间深处仅为 2%。这样一个结果使室内利用入射的日光照明极不均匀。为使房间深处有足够光亮，必须让窗户附近容忍 10 倍于足够光亮的光强。显然，这会导入比人工照明更大的热负荷。

作为一个可以接受的简单准则：依能量的观点，单边开窗户，靠窗 3m 之内尽量用日光照明(但应适当遮挡阳光)；按制冷的考虑，离开窗户远的房间深处，最好采用人工照明。

2.4.1.2 遮挡日光的选择

采用最广的是薄片白色透明窗帘，可根据入射光线而设定。它特别适用于更深入射角的东、西立面。当然，南立面也可用。有新产品展现了能将部分入射光折射至顶棚以改善日光应用的反射特性。

还有值得一提的材料是透明窗帘，大部分属于可移动使用，使南立面遮阳而且同时保持对外界可视。这种透明窗帘的问题在于赋予的颜色：白色或其他淡色透明窗帘会导致眩目耀眼。好的选择可为玉米黄、棕色和深绿色的材料以加深色调。但这不适合东、西立面应用，因为不宜遮挡深入射角的阳光。

反射百叶窗大部分装在玻璃窗前，在各种情况下均可提供适当遮挡阳光的功效。特别是以屏幕效果减少眩目和反光。用透光率为 15%的屏幕遮光效果极佳，仍可保持对外界的可视空间，只是对瞬间光线适应性稍差。

2.4.2 通过不透明建筑部件的热量传导

2.4.2.1 通过墙体、屋顶的热传导

通过墙体、屋顶的热量传导用下式计算：

$$Q_R = A_R U_R \sum \Delta t_{KL} \quad [Wh/(m^2 \cdot d)]$$

式中 A_R——传热面积，m^2；

U_R——传热系数，$W/(m^2 \cdot K)$；

Δt_{KL}——冷负荷温度差，K·h/d(厚屋顶为 27.3；轻屋顶为 81.5)。

2.4.2.2 通过窗户的热传导

通过窗户传导的热量用下式计算：

$$Q_W = A_W U_W \sum (t_a - t_i) \quad [Wh/(m^2 \cdot d)]$$

式中 A_W——窗面积，m^2；

U_W——传热系数，$W/(m^2 \cdot K)$；

t_a——室外空气温度，℃；

t_i——室内空气温度，℃(通常为 26℃)。

2.4.3 通风带入的热量

基于机械通风，这一项热量进入经常不必考虑，但是在自然通风时这一点应当考虑：

$$Q_L = V_R n C_P \sum (t_a - t_i) \quad [Wh/(m^2 \cdot d)]$$

式中 V_R——室内体积，m^3；

n——每小时换气次数；

C_P——空气热容量，取 0.33W·h/(m³·K)；

$\sum(t_a - t_i)$——小时室内外温度差总和，K。

2.4.4 通过外负荷的总体制冷负荷

通过外负荷的总体制冷负荷 Q_{ext} 主要由穿过透明建筑部件的热量 Q_S 和通过墙体屋顶的热传导 Q_R 以及通过窗户的热量 Q_W 共同组成：

$$Q_{ext} = Q_S + Q_R + Q_W [Wh/(m^2 \cdot d)]$$

一般来说，外负荷的总体制冷负荷由穿过透明建筑部件的热量 Q_S 所主宰。

2.5 无源制冷的热增益

2.5.1 无源制冷如何防止热增益

调节微气候和正确的现场设计可以大大影响建筑的热物理特性。其基本原则是恰当地调节建筑物的立即环境(微气候)，以期适应当地气候背景。现场设计当然要考虑经济因素、地方规范以及毗邻的发展等诸多方面因素：包括射入阳光辐射、可提供的自然风等，来与建筑物的衔接。

植被不仅仅能改善室外景观，而且可以减少冷负荷。一棵全体积的大树夏季每天蒸发大约 1460kg 水，相当于 870MJ 的制冷能力。高大的植物可以明显地降低温度约 2～3℃。

建筑物控制太阳能热增益的主要建筑设计措施包括采用各种遮阳设施、衰减入射太阳辐射，以大大减少制冷负荷。具有自然植被的不透明墙体的外遮挡；确保热力学以及光学特性的高性能玻璃的内外遮阳设施等将在第 3 章详细介绍。

建筑形式和内部空间布局决定了室内空间对外部射入建筑物热辐射的暴露程度。当然，类似的还有对日光和风的开放程度。建筑物的造型控制包括：确定热损失和热增益；增加或者减少开放面积；毗邻的发展等都是由设计规划空间所提供的。建筑风格还要受客户特别要求和投资额的限制。

建筑外部轮廓决定了室外环境和室内空间之间的物理过程。因为夏季室外高气温和强阳光辐射，无源制冷的目标显然是盛夏限制热增益。建筑物的隔热层可以减少建筑材料的热传导：夏天减少室内热增益；冬天减少室内热损失。采用隔热层的水平往往由国家层面规定，有些国家是强制性的要求。好于规定地安置隔热层可以使得建筑物夏天的冷负荷降到一个很低的水平。

在一座建筑物中，居住者的举止行为模式亦应调整，以期获得热力学舒适并且减少制冷能量消耗。按照环境条件着装；调整身体活动水平；移进建筑物中较凉快的地方；调节热过程(开关窗户，用百叶窗或窗帘遮阳)都是一些简单而有效的行为举措。

控制内部热增益可以恰当地安置和运行内部热源，如人工照明、设备和使用者。采用节能灯能够减少室内的功率耗散。设备(比如计算机)较集中的空间要仔细计算冷负荷。大量人员集中场所应考虑安置风扇。特别在频繁使用强力人工照明以及人员集中处，内部热增益要仔细计算。

2.5.2 无源制冷如何控制热增益

建筑的热质量(典型的所谓“热质量”寓于由具有高热容材料制成的墙，地板和其他建筑部件中)白天吸收热，调节室内温度波动幅度，减小尖峰冷负荷，并且能转移所吸收的热到夜间时光。这一冷负荷可以优先利用外部环境条件通过无源制冷手段提供。对于夜间无人使用的建筑物，可采用夜间通风，存储冷量，转移这些冷量到白天早些时候用。这样一来，可以减少能耗约20%。热质量的应用将在第4章详述。

2.6 自然制冷——热沉降

2.6.1 通风

自然或强迫通风是减低建筑物中冷负荷的最基本手段之一，即从室内空间移走热量。如果室外条件(温度、湿度)适宜，自然或强迫通风还可以扩展人们室内舒适条件。通风作为室内空间所必须之举还在于引入新鲜空气，控制异味和室内污染物。人生有很大部分时光在封闭的室内度过，因此，健康舒适的决定性因素在于室内空气的质量。一个良好通风的恰当标尺早在一百年前就被 Pettenkofer 提出：好的空气质量＝二氧化碳在空气中含量小于0.1%，现在已被大多数人接受。

作为风速效应和/或烟囱效应的结果，自然通风由建筑物围护结构的入口和出口间的压力差所形成。要突出通风效益，应当恰当地安置通过整个建筑物通风渠道。

自然通风技术主要包括：

(1) 夜间通风；

(2) 风塔(楼)；

(3) 太阳烟囱。

与自然通风相关的无源制冷技术也将在第4章详细讨论。

2.6.2 蒸发

蒸发制冷技术是在空气流动过程中利用了与水滴或者潮湿表面水中的潜热进行热交换来实现的。

室外热空气与水滴接触，经过潮湿的多孔材料或将水雾直接喷入空气流，都能使潮气蒸发而从热空气中汲取热量，降低其温度。这种蒸发制冷技术大部分用于所谓“混合式”(Hybrid) 制冷系统或者小型机械制冷系统。这是因为无论空气还是水的运动都需要泵或阀门驱动。

在高湿热地区应用直接蒸发制冷技术显然受限，经过热交换器的间接蒸发制冷技术是可行的，但效率会有所降低。而恰当地利用太阳能进行热交换会改善很多。

蒸发制冷技术的应用将在第5章详细叙述。

2.6.3 地热

地表1m以下的温度就显现昼夜变化小的特征，深过8～12m的土壤温度则几乎为恒定。在炎炎夏日，地下温度远远低于地表空气温度，这是由于大地具有很高热容之故。

直接或间接利用地热资源对建筑制冷提供了很大空间。相比较其他可再生能源，地热资源具有明显的优势：不受每日和季节环境变化影响；利用效率可达 90%以上；成本也较其他大部分可再生能源为低。

按地热资源利用深度的不同，有地表—地热热交换器、能量桩柱、地热探针等不同形式。地源、水源和空气源热泵的利用使地热资源利用效益大为提高。

这些内容将分别在第 6 章(地下布管热交换器)和第 7 章(地热探针和能量桩柱)详细介绍。

2.6.4 辐射和对流

除了热传导，在建筑物中辐射和对流是另外两种重要的热(冷)量移动方式，也可以作为自然制冷(热沉降)的技术手段。

这些自然制冷(热沉降)的技术手段将集中体现在建筑部件制冷和建筑物局部制冷的安排上。当然，这些技术安排常常与前述无源制冷和自然制冷技术相结合，将分别在第 8 章(建筑部件制冷)和第 9 章(建筑物局部制冷)详细介绍。建筑物局部制冷主要涉及内部热负荷调控。

3 太阳光热负荷的控制

3.1 概述

从 2.4.4 节可以看出：总体制冷负荷被穿过透明建筑部件的热量 Q_S 所主宰。因此，透明建筑部件是设计一个建筑物室内制冷特性的基础。出于建立室内舒适和节省能源的目的，已有愈来愈多的建筑物在冬季无源地利用太阳能采暖。在夏季，如果室内温度超过一个定义的舒适范围(如图 2-1 室内温度布局曲线以及可调控范围所示)，太阳光热源则变成了热负荷。与此同时，这种太阳光热负荷不得不用足够的热沉降的办法(诸如通风、蒸发或机械制冷)来补偿，以期把造成房间过热的多余热量以足够的力度排放出去。详见图 3-1 所示单位纯室内面积太阳光热负荷与单位纯室内面积加权比透明面积以及每日在每平方米建筑立面上的总辐射的函数关系。

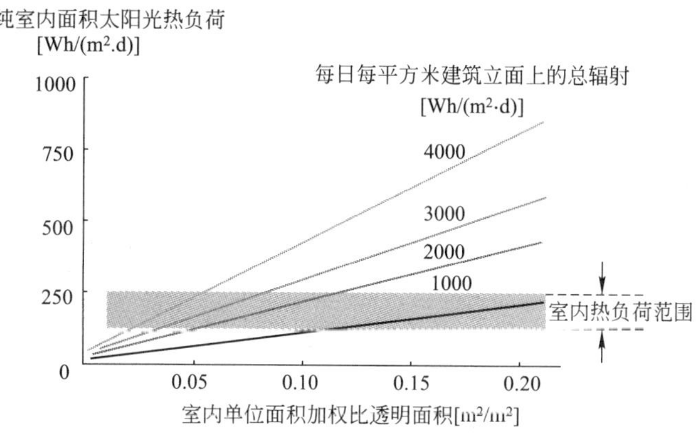

图 3-1 单位纯室内面积太阳光热负荷作为单位纯室内面积加权比透明面积以及每日在每平方米建筑立面上总辐射的函数

(来源：K. Voss)

注：透明面积(装玻璃面积 aperture area)是以有效总太阳能透射比(g_{eff}，也称作太阳光热增益系数或太阳因数)来加权的并且涉及毗邻纯室内面积。

例如：纯室内面积 = 10m²，装玻璃面积 = 4.5m²，有效太阳光辐射透射率 g_{eff} = 0.5，加权的透明面积 = 0.225m²。

考虑建筑结构有限的抵御热负荷的能力以及更为有限的自然热沉降潜能，有效地控制太阳光热负荷于是变成了无源制冷能否运作的前提条件。

在现代建筑中，经建筑围护结构的不透明部分传导进入建筑物的热量一般是很少的。这是因为：一方面，夏天室内外温差不大；另一方面，建筑围护结构的隔热已经在很多国家十分普遍。当然，相对而言隔热不足的建筑，如一般老建筑物的顶层屋顶可能是造成顶层太阳光热负荷的主因：深色屋顶材料构成了在艳阳高照的夏日空调建筑制冷负荷增加的一个要素。深色立面幕墙也会导致制冷负荷的增加。

建筑围护结构的透明部分传导热或太阳光热负荷主要由下列因素确定：

(1) 装玻璃面积的尺寸；

(2) 装玻璃面积相对太阳的朝向；

(3) 周围建筑物，树木等的遮挡；

(4) 玻璃的特性；

(5) 遮阳设施的特性；

(6) 遮阳设施的运行。

为讨论高效地控制太阳光热负荷而采用不同策略的性能和元件，本章首先强调太阳光热负荷控制的重要性(以办公室建筑为例)；相关的气象、物理和标准化基础知识也有介绍；随后提供有关玻璃技术、可移动遮阳设施和固定遮阳元件的例子。在借鉴实验研究结果的基础上，讨论自动控制和由使用者控制的可移动或开关型遮阳系统。本章最后综合并评价恰当地控制太阳光热负荷的系统及其组合。

3.2 控制太阳光热负荷的重要性

如今，办公室建筑成为控制太阳光热负荷应用的主要领域。这种应用不仅在夏天能维持室内一个可以接受的温度而且使温度波动更小，即使室内舒适度得以保证。

有效控制太阳光热负荷是不可或缺的。在中欧地区，减少太阳光热负荷，不用空调在盛夏也能确保室内热力学舒适度。在其他地区，比如说，夏季昼夜温差小的更热地方或者长时间酷热耗尽建筑物隔热层功能处，达到这要求会更困难些。

没有太阳光热负荷的有效控制，太阳光热负荷通常会远大于内部热负荷。这对于具有大透明面积的办公室建筑更为明显。图 3-1 示出单位纯室内面积太阳光热负荷与单位纯室内面积加权比透明面积以及每日在每平方米建筑立面上的总辐射的函数关系可以看出：采用太阳光遮挡措施能有效地减少总体能量的导入。由于建筑物的内部热负荷取决于建筑物的使用，一个可接受的热负荷上限能够通过热沉降力所能抽取的功率来建立。这一热负荷上限值是建筑立面设计的决定性准则。不仅仅在设计，太阳光热负荷控制应以不懈的努力贯穿在整个建筑物建造施工过程的始终。

图 3-2 描绘了借助夜间通风时单位纯室内面积最大热量排除作为单位纯室内面积空气流量以及室内外空气温度差的函数。从图 3-2 可以看出，室内外空气温度差为 5K 时，大约 120Wh/m^2 的太阳光热负荷可以被排除掉。

比较图 3-1 和图 3-2 可知，控制太阳光热负荷的重要性跃然纸上，不言自明。

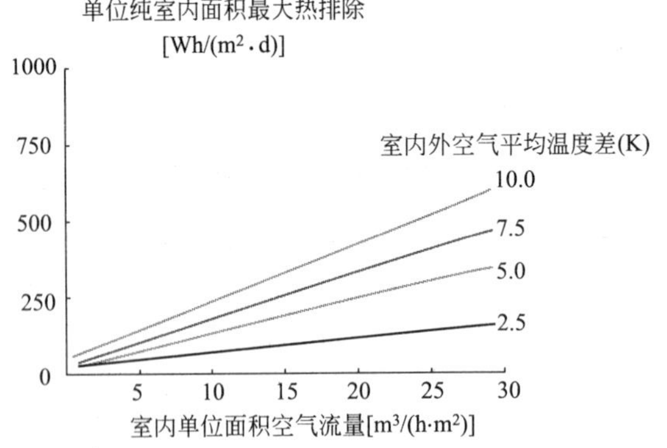

图 3-2 借助夜间通风时单位纯室内面积最大热量排除作为单位纯室内面积空气流量以及室内外空气温度差的函数

(来源：K. Voss)

注：计算基于以一个常数空气流量夜间通风运行 6h。例如：纯室内面积 = 15m^2，房间高 = 3m，房间体积 = 45m^3，空气变换率 = 4L/h，比空气流量 = $12\text{m}^3/(\text{h}\cdot\text{m}^2)$。

3.3 太阳光辐射

射入地球的太阳光辐射包括电磁波波谱的紫外部分(6%)、可见光部分(48%)、红外部分(46%)。这种能量分布随不同程度的云层会少许变化。然而，最主要的变化在于：万里无云的大晴天仅 10%～20%的辐射为散射，阴云密布时则增至 90%～100%。射入建筑物的太阳光辐射强度，直射对散射之比和建筑物的地点，朝向以及遮挡息息相关。这些因素在设计和选择太阳光热负荷控制系统中至关重要。

3.3.1 太阳光辐射的气象地理因素

在太阳光辐射的地理因素当中，最关键的是建筑物的朝向。建筑的不同朝向立面设计便基于此。无源建筑朝南的目的就是最充分利用太阳热能。这首先是在冬天西南至东南区域不能有任何阴影遮挡。太阳在冬天更深，因此，太阳辐射穿过玻璃几乎近于垂直，对能量穿透更有益。夏天，太阳起始射入朝南前立面迟，然后升起很高，又提早离开南前立面。然而，为了要确保早晨和黄昏尽量少的朝东和朝西向的日照，西面和东面种树或其他植被以遮阳。

图 3-3 给出了一个无源建筑最佳地理安置的平面草图。

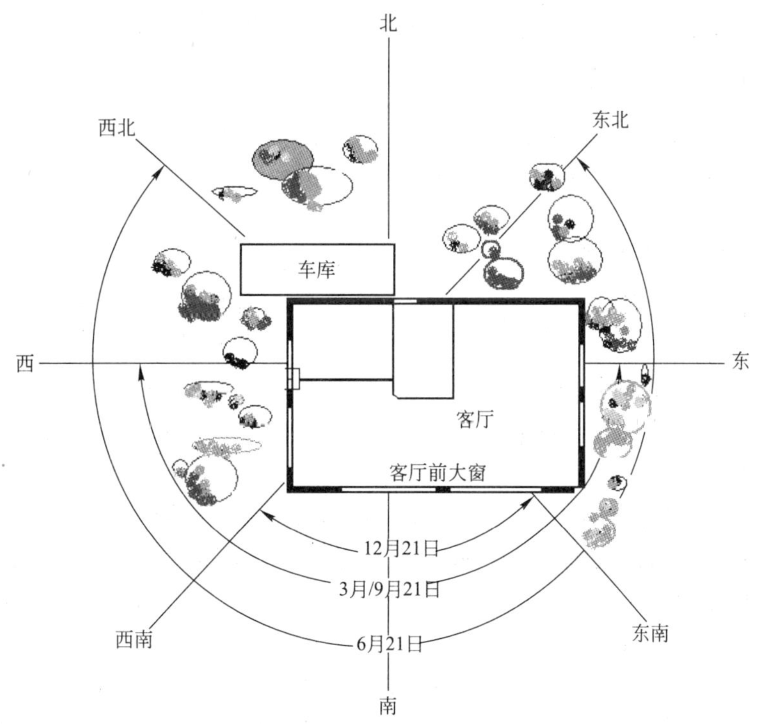

图 3-3 无源建筑最佳地理安置的平面草图

当然，在不同建筑物坐落地点，太阳的方位角亦不同；随着纬度增加，太阳最高点会降低。这些不同地点与纬度和朝向相关的信息(太阳图)均可在当地相关机构获得资料。

盛夏从朝东和朝东北立面进入的热负荷经常具有高辐射强度。早晨工作时间开始之前应当自动操纵机械遮阳设施，以防止早上办公室内过热。

3.3.2 太阳光辐射的物理因素

标识建筑物室内舒适度的主要参数之一是室内空气温度。实际上，从微观分子运动的观点出发，气体的温度与气体分子热运动平均总能量成正比。这也就是说，温度是气体分子热运动平均总能量的量度。

在建筑物三种热量转移方式(传导、对流和辐射)中，传导热量转移率基本上是和室内外温差(T_i-T_e)呈线性关系的：$Q=K(T_i-T_e)F$，这里，Q是单位时间传热量，F为传热面积。对流热量转移也与温差呈类似的线性关系。这种线性关系成为冬天节能保温措施设计的基础：建筑物围护结构的顶、墙和门窗具有好的隔热性能十分重要。当然，夏天冷屋顶或绿化屋顶可形成辐射壁垒和空气间隙，阻挡97%的向下太阳光辐射。

盛夏时节，太阳光辐射变成最重要的也是最不容易用数学描述的热量转移方式。当太阳光辐射Q进入室内，可用一个一阶微分方程来近似描述室内温度T_i的变化：

$$dT_i/dt=[k\cdot\Delta Q(t)-T_i]/\tau$$

式中 τ——用于表达建筑结构的热存储能力的一个时间常数；

k——热转换系数。

如果将入射太阳光辐射$\Delta Q_j(t)(j=1-i)$作为一系列能量阶跃考虑，这模拟室内温度T_i的变化的一阶微分方程的解则为：

$$T_{ji}(t)=\sum_{j=1}^{i}\Delta Q_j k\{1-EXP[-(t-t_j)\cdot 1(t-t_j)/\tau]\}$$

式中 $l(t)$——单位阶跃函数。$l(t)=\begin{cases}1 & (t\geqslant 0)\\ 0 & (t<0)\end{cases}$

这一结果表明：入射阶跃太阳光辐射系列引起室内温度T_i的变化按指数函数上升(当入射太阳光辐射阶跃增加时)或下降(当入射太阳光辐射阶跃减少时)。值得一提的是：表达建筑结构的热存储能力的时间常数τ在当入射太阳光辐射阶跃增加或阶跃减少时可能不同。另一个值得一提的是：房间入射太阳光辐射如同电工学中给电容充电的过渡过程，但这一过渡过程并不等同于电工学中的过渡过程反响：前次过渡过程的最后结果仅作为下一过渡过程的起始值而已；在热力学中，前次过渡过程的最后结果不仅作为下一过渡过程的起始值，而且每一个过渡过程仍会继续，即保持历史记忆的延续。

太阳光辐射是以太阳光辐射强度g来描述的。图3-4示出了太阳光辐射穿透玻璃进入室内的过程以及能量组成。

从图3-4可以看出，总体太阳光辐射透射率g等于透射率τ_e(包括直接透射和漫透射)与二次热增益q_i之和。然而，实际而且可靠地测量和评估指定立面太阳光辐射透射率往往需用到有效太阳光辐射透射率g_{eff}——指定立面边界条件下，一小时或一个月太阳光辐射透射率的平均值：g_{eff}=月(小时)室内获得太阳能总增益 / 月(小时)室外入射太阳能总辐射(见图3-1注解)。

有多种方法能使建筑物能遮挡室外入射太阳辐射。

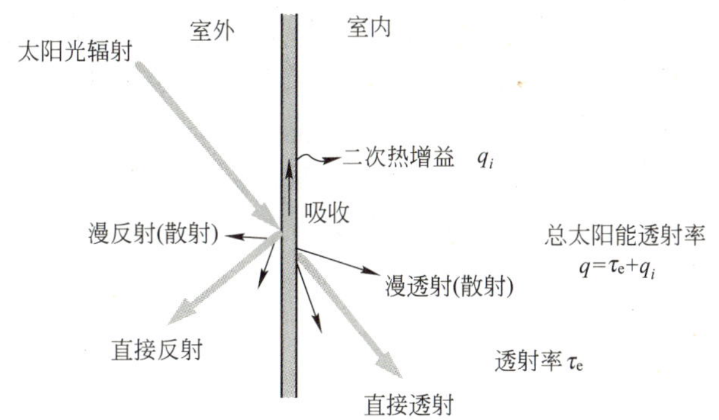

图 3-4　太阳光辐射穿透玻璃进入室内的过程以及能量组成

一般设计房子东西向长，以使朝向有利冬天吸收阳光；夏天遮挡室外直接入射太阳辐射。

还可以在赤道面(北半球在南立面；南半球在北立面)安置宽的屋檐、外廊或窗上挑檐。不建议在顶层安装玻璃天窗。

借助建筑物的赤道面安置一个温室或太阳房，无源房屋不允许夏天阳光通过大玻璃直射室内生活区。温室(太阳房)的外玻璃和温室(太阳房)与室内生活区间的玻璃形成一个热缓冲区，使得两个小温差比一个大温差有低得多的热传导。

安排遮阳幕帘、棚架或藤蔓植物于建筑外，特别是东西侧(见图 3-5)。用百叶窗或窗帘阻挡东西侧阳光的晨照和夕晒至关重要。无源房屋应尽量少安排东西侧窗户。

图 3-5　绿化遮阳(左：藤蔓植物于建筑外；右：南正立面绿化)
(来源：Uni Köln)

3.4　太阳光辐射控制元件

3.4.1　控制太阳光辐射的玻璃

3.4.1.1　阳光控制膜玻璃

现代建筑多采用隔热玻璃，如通过多片、着色、镀膜(涂层)、充气等手段实现最佳应用。夏日防止过热的隔热玻璃成为阳光控制玻璃的典型，其特征是低 g 值。阳光控制膜玻璃占据主要建筑玻璃市场，它是在优质浮法玻璃表面用真空磁控溅射的方法镀上一至多层金属或化合物薄膜而成。薄膜的主要功能是按需要的比例控制太阳直接辐射的反射、透过和吸收，并产生需要的反射颜色。热反射镀膜玻璃因此而具有以下特点：有效限制太阳辐射的入射量；遮阳效果明显；对室内物体和建筑构件具有良好的视线遮蔽功能；较理想的可见光透过比和反射比；减弱紫外光的透过。镀膜隔热玻璃在建筑上使用可以直接降低温度，温差在 3～6℃左右。

3.4.1.2 智能玻璃

另一种控制太阳光辐射的玻璃称智能玻璃(Smart glass，EGlass，or Switchable glass)是利用电致变色原理制成的(见图 3-6)。它在美国和德国一些城市的建筑装潢中很受青睐。智能玻璃的特点是：当太阳在中午时，随着阳光辐射量的增加，朝南方向的窗户会自动变暗；与此同时，处在阴影下的其他朝向的窗户开始明亮。装上智能窗户后，人们就不必为遮挡骄阳配上暗色或装上机械遮光罩了。严冬时期，这种朝北方向的智能窗户能为建筑物提供 70%的太阳辐射量，获得漫射阳光所给予的温暖。同时，还可使装上变色玻璃的建筑物减少采暖和制冷需用能量的 25%、照明的 60%、峰期电力需要量的 30%。

(*a*)

(*b*)

图 3-6 智能玻璃(Smart glass or Switchable glass)是利用电致变色原理制成的
(来源：SOUNDPROOF)
(*a*)通电；(*b*)断电

3.4.1.3 真空玻璃

真空玻璃采用适当分布的微粒支柱作间隔，间隙层只有 0.1～0.2mm，空腔内抽真空，总厚度最薄只有 6mm 左右。热量交流有三种形式：真空玻璃空间残余气体有少许对流和传导传热；间隔支柱的传导传热；边部的传导传热。真空玻璃传热主要是辐射传热和边部传导传热。用镀有透明低辐射膜玻璃做的真空玻璃，像杜瓦瓶镀银一样又大大降低了辐射传热。显而易见，真空玻璃节能窗是第三代门窗玻璃。真空玻璃是中国玻璃工业中为数不多的具有自主知识产权的前沿产品。

图 3-7 示出真空玻璃的结构以及与中空玻璃舒适度比较。在图 3-7(*b*)的红外线光谱热成像示意中：盛夏当室外气温为 36℃时，真空玻璃可以保持室内温度为 25℃；严冬当室外气温为－10℃时，真空玻璃可以保持室内温度为 22℃。

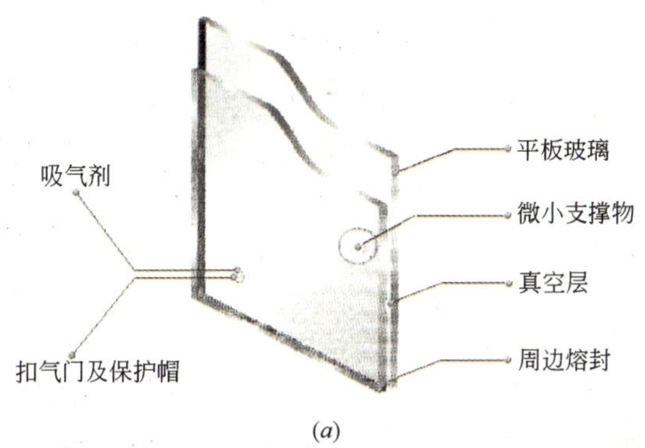

(a)

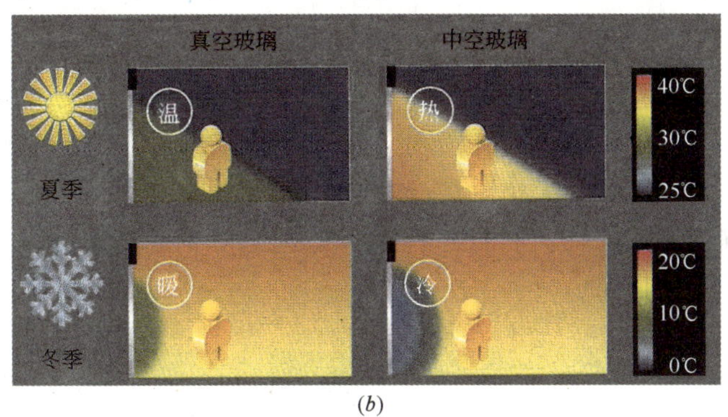

(b)

图 3-7 真空玻璃的结构以及与中空玻璃舒适度比较

[来源：新立基]

红外线光谱热成像示意：盛夏当室外气温为 36℃时，真空玻璃可以保持室内温度为 25℃；严冬当室外气温为 - 10℃时，真空玻璃可以保持室内温度为 22℃。

(a)真空玻璃的结构；(b)与中空玻璃舒适度比较

3.4.2 遮挡太阳光辐射的器件

遮阳设计的前提条件是考虑太阳光夏天和冬天射向建筑物的路径：夏季太阳高悬，要保证阳光不要射入室内；冬季，要尽量将阳光入射室内。因此，有如下原则：

(1) 遮住夏天从南面高角度入射阳光；

(2) 遮住夏天从东面和西面低角度入射阳光；

(3) 在冬天让太阳光从各个方向射入。

在南、东和西面，所有门以及窗都要有某种形式的遮阳；但尺寸和类型取决于建筑物所处的情况。

3.4.2.1 固定遮挡太阳光辐射的器件

固定遮阳器件可选为：屋檐；棚架；隔栅；带顶阳台。

例如，屋檐设计：

夏季太阳高悬，要保证阳光不要射入室内 [图 3-8(a)]；冬季，要尽量让阳光入射室内 [图 3-8(b)]。

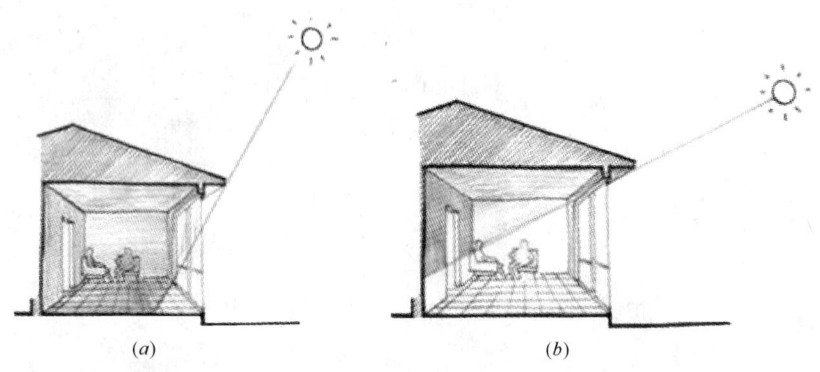

图 3-8 屋檐设计

3.4.2.2 可调节遮挡太阳光辐射的器件

可调节遮阳器件能够提供灵活性，在处理低角度的晨照和夕晒时更为有用。

可调节遮阳器件一般包括：

(1) 手动调节隔栅；

(2) 百叶窗；

(3) 幕帘；

(4) 滑动遮阳板；

(5) 可折叠篷帆；

(6) 夏末可拆卸的遮阳器件。

可调节遮阳器件还能与固定屋檐或篷架组合，提供夏天深遮阳，当然，冬天要允许进入更多的阳光。

可调节遮阳器件甚至可以和玻璃组合形成可调节遮阳的玻璃窗。

1. 百叶窗

百叶窗和玻璃一起在夏季用于遮挡太阳辐射，使整体能量穿透率达到<15%的目的。有室内遮阳和室外遮阳之分：从图 3-9 可以清楚地看出，外遮阳比内遮阳防热效果显著得多。但内遮阳具有防眩光和装饰功能。

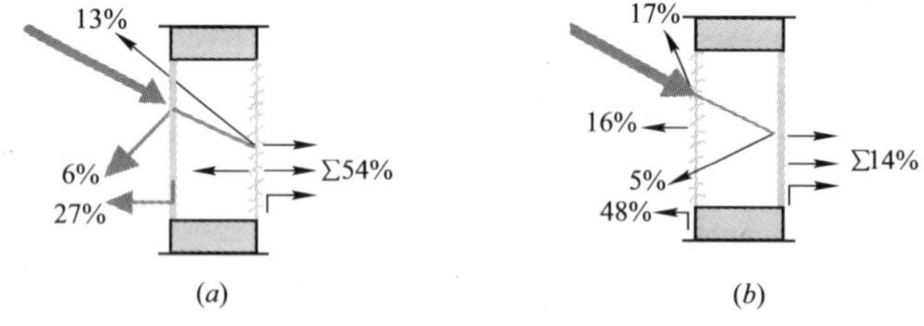

图 3-9 百叶窗和玻璃组成窗户防护太阳辐射的能量收支表
(a)内遮阳；(b)外遮阳

2. 遮阳板

如果百叶窗条板完全闭合，变成遮阳板遮挡太阳辐射可使整体能量穿透率≤10%。遮阳板也有室内和室外之分：外遮阳(见图 3-10)比内遮阳防热效果明显，但内遮阳不仅具有防眩光和装饰功能，而且要比外遮阳安装方便，维护容易。这是因为内遮阳板不必暴露在外面大气之中。

3. 内置可调窗帘中空玻璃

内置可调窗帘中空玻璃是指利用中空玻璃的内部空间，将可调窗帘密封在中空玻璃内的结构，它实际上是将中空玻璃和可调窗帘这两个不同功能的物件有机地合为一体。这类玻璃在提高中空玻璃节能的性能上依据使用环境和要求的不同可以有很大的选择余地。其优良的双向节能调光功能，能较好地兼顾一年四季不同的气候条件；能阻隔大部分的辐射传热。

但也有很多问题有待解决，包括内置可调窗帘的可靠性、耐久性等。通过对磁传动系统和窗帘系统的重新设计，即使中空玻璃内部间距较小，也可装入可调磁控窗帘。

图 3-10 外置遮阳板和玻璃组成防护太阳光辐射
(来源：LEVOLUX)

3.4.2.3 固定建筑构件控制太阳光辐射

控制太阳光辐射也能不用可移动器件而在建筑围护结构上做有限的扩展，作为建筑物的单独部分，用以改善控制室内小气候的可靠性。固定建筑构件控制太阳光辐射全年大部分时间起作用并且对环境视野无大碍。

固定建筑构件控制太阳光辐射在有明显四季变化的地区、直接辐射占较大比例的建筑南立面以及盛夏太阳很高时更多地被采用。注意：莫让此固定建筑构件引发局部附加热负荷。

作为固定建筑构件控制太阳光辐射的举例，图 3-11 给出外伸遮阳结构件和光搁板示意简图。

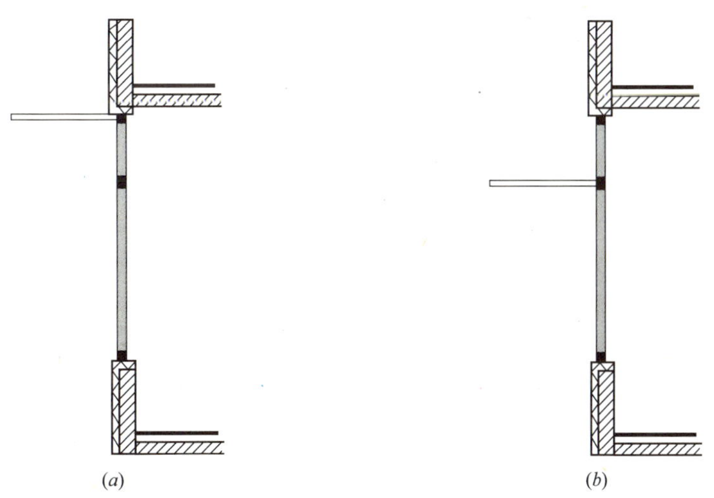

图 3-11 作为控制太阳光辐射固定建筑构件的外伸遮阳结构件和光搁板
(a)外伸遮阳结构件；(b)光搁板

外伸遮阳结构件的外伸长度以及引发直接太阳辐射的遮阳效果与建筑物所在地的纬度相关。对入射太阳光散射的减低全年不变。

光搁板将玻璃窗一分为二，对室内光线均匀分布大有裨益：漫散射借助光搁板反射到顶棚能更均匀地洒向房间更深处。

3.4.2.4 植树遮阳

利用落叶树冬天可以照进更多阳光，夏季遮阳。地面绿化还可以在夏天使地表降温以及减少眩光，如图 3-12 所示。

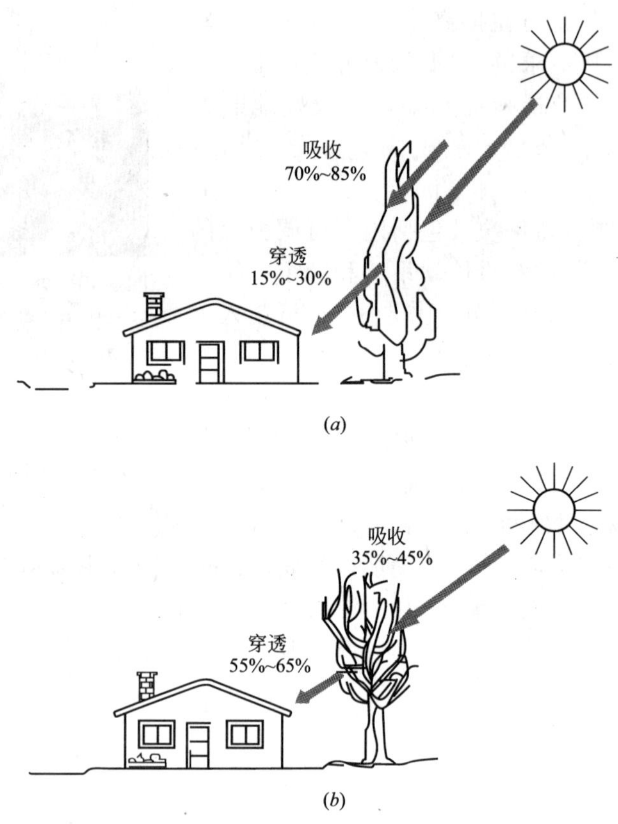

图 3-12 种植落叶树夏日遮阳冬天照进更多阳光
(a)夏季；(b)冬季

3.5 自动和手动太阳光辐射控制系统

利用电致变色原理制成智能玻璃，磁传动内置可调窗帘中空玻璃还有众多可移动遮挡太阳光辐射的器件都可以自动或手动控制。用这些控制系统调节、支配和管理外界景观视觉和自然采光照明；也提供室内小气候热力学舒适度，即对太阳光热传导和热辐射的调控。相对于高耗能空调系统只能进行对“失误”进行补偿的有源制冷建筑而言，无源制冷建筑所依赖的正是对室内小气候热力学舒适度的有效控制。

自动控制的必要性最明显的例子就是：夏季防止朝东向办公室在上班工作之前太阳晨照所引发的过热。

自动太阳光辐射控制系统程序设计取决于多种因素，包括地理、天气极限条件、建筑物设计、太阳光辐射控制元件选用和系统组合以及文化传统习惯等。

4 自然和机械夜间通风

4.1 建筑通风综述

4.1.1 通风的基本目的

通风是建筑设计最基本的部分，其目的在于为建筑物提供舒适的热环境并且确保足够的室内空气质量(Indoor Air Quality，IAQ)。但是，通风往往也给建筑物带来相当大的能量负担。

关于热舒适的环境，第 12 章有专门的介绍。

首先，从通风制冷的角度可将天气做如下分类：

(1) 高制冷负荷天气地区：夏天热，冬天仅需较少采暖；此时通风的策略是提供制冷以减少对空调制冷系统的依赖。这里，可以通风制热和无源或有源制冷相结合。

(2) 有较大采暖负荷天气地区：通风的策略主要是保证室内空气的质量 IAQ(加热)，机械通风是有效的，可在夏天与无源制冷相结合。

(3) 中等冷热天气地区：此时通风的策略是夏天提供热舒适，尽量采用自然通风。

而关于室内空气质量 IAQ 主要包括如下三个方面：

(1) 足够的氧气；

(2) 冲淡体味；

(3) 稀释使用者和燃烧产生的 CO_2 浓度水平并且淡化特殊条件下发生的污染物。

关于通风速率的要求，依上述空气质量条款顺序会愈来愈高。然而为了排热制冷，通风速率的要求比 IAQ 所有的要求还要高。

4.1.2 通风系统分类

无源制冷的通风有如下分类：

按照采用的建筑系统元件分——窗户；其他元件(风驱动的通风，亦称“风塔”，详见 4.8 节)；建筑外空气预制冷(地热，见第 6，7 章)以及通过建筑物的前立面或双层前立面(Double Skin Facçade，DSF，详见 8.7 节)。

按照运行原理分——白天通风；夜间通风。

按照通风效率分——依建筑物类型、内部热负荷和外部天气条件，建筑物的通风有自然通风和机械通风两大类。当然，还有混合(hybrid)通风。

4.1.3 夜间通风

中欧的气候为无源制冷自然通风和机械通风提供了一种较好的前提条件(我国北方地区也有类似条件)：即便在盛夏，夜间空气温度多在 20℃以下。夜间的低气温使得在一定的框架条件下能将白天室内的热负荷排到室外，即夜间通风的效果与如下三个因素有关：

(1) 限制热负荷而且周围环境夜间空气温度低，空气流量够；

(2) 建筑物内部的热存储块(体)介质具相当的热容量；

(3) 可实施运行的通风方案能使循环空气和热存储质量间有足够的传热。

尽管夜间通风很有效，但应用场合受到限制：空气湿度和凝结需要予以控制并且应优先采用自然通风。在城区，最大的限制来自于“热岛效应”。这是因为“热岛效应”使温度上升并且让风速下降，遂导致夜间通风效果大打折扣。

4.1.4 自然通风和机械通风

通过窗户自然通风可以使大量空气流动：换气次数达到 $10h^{-1}$ 也并非罕见。机械通风很快抵达界限；由于机械通风花费太大，换气次数 $>4h^{-1}$ 则无甚意义。

机械通风应有仔细而且恰当的性能安排。毫无目的的通风也有可能给室内带来不必要的热负荷。当然，过度冷却也不是没有可能。这是因为夜间室外气温和风力等因素很难预估。有效的横向通风也许还会扩大这种反效果。

纯凭感觉的窗户通风用于办公室建筑不能达到最佳效果。

4.1.5 混合通风

混合(hybrid)通风的设计一般可以分为三类：

(1) 连续性设计——以自然通风为主，选择性地加机械通风；

(2) 全面性设计——自然通风和机械通风全盘考虑；

(3) 局部设计——建筑物不同局部选择通风方案各异。

图 4-1 给出了中等冷热天气下根据需求控制的混合(hybrid)通风系统示意图。中心管

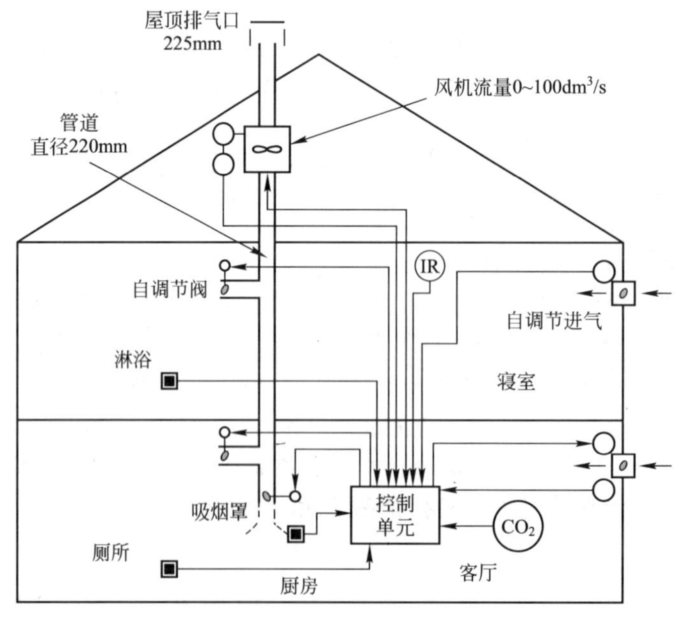

图 4-1 中等冷热天气需求控制混合(hybrid)通风系统示意图
(来源：Dorer)

道阻力很小(在额定流量为 56dm^3/s 时小于 2Pa)。此住宅在客厅和卧室均装有 CO_2 传感器。中央控制单元接收到传感器的信息可以调节进气阀等自调节阀门以及控制风机。

4.2 受控自然通风

自然通风是有效的，但很难控制。施以机械通风可以帮助自然通风受控：

(1) 开发出带有小开口的翻板(活门)可以在需要时打开或关闭，以控制自然通风，但对于无源制冷来说，尚缺乏足够风量。

(2) 窗扇机械驱动可以运行，但成本偏高：比简单的机械通风还要贵。

自然通风属于使用者安排的范畴。通过恰当的建筑设计和窗扇安排，自然通风也能高效而且可以做到没有穿堂风；避免破窗行窃；防止雷雨袭击。

中欧的天气很适合于夜间自然通风。这种夜间自然通风进行无源制冷的效果和使用者本人息息相关，并且很大程度上受制于白天外面热空气的温度。

在夏季，白天的通风有如下三个功能：

(1) 空气卫生；

(2) 热量传送；

(3) 空气流动。

然而，三个功能有时会部分地相互冲突，特别是在下午时分。只有在夜间和清晨的几个小时中，室外空气才既新鲜又凉爽。一旦室外空气温度超过室内温度，强力空气交换则会导致不希望的室内热存储块被加热。这样一来，运动的热空气让人直觉舒适，甚至通过皮肤表面增加的对流感觉似乎有点凉意。从一天最热的时候起直至傍晚，出于卫生原因而进行的通风要求(出汗和激烈挥发)，依热量估算的观点看：热空气应当留在室外才对。

为了评估自然通风和机械通风，LEOCOOL 项目在考虑了热负荷、热量存储块和夜间透冷的影响之后，对不同通风安排导致的室内温度结果做了测试。

图 4-2 将两种自然通风效果在盛夏时期作了四昼夜的比较：一种是白天 8：00～18：00

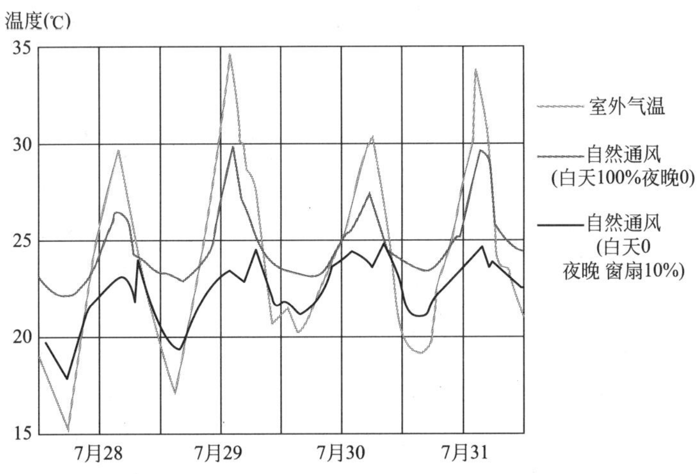

图 4-2　两种自然通风效果在盛夏时节作四昼夜的比较

(来源：LESOCOOL 项目)

开启 $2m^2$ 窗户自然通风，另一种是夜晚 22：00～10：00 通过翻板(活门)仅开启 10％的 $2m^2$ 窗户自然通风。从图 4-2 所示，仅夜晚自然通风就能将全天室内气温基本维持在 23℃，并且波动幅度最小。当然，室内需有大的热存储块质量。

图 4-3 将两种机械通风效果在盛夏时期作了四昼夜的比较：一种是白天 8：00～18：00 换气次数达到 $6h^{-1}$，另一种是夜晚 22：00～10：00，换气次数也达到 $6h^{-1}$。从图 4-3 可以看出，类似在图 4-2 所示的结果：夜晚机械通风也能将全天室内气温基本维持在 23℃，且波动幅度小；白天通风会比夜晚通风多带进不希望的热量，但比图 4-2 中白天自然通风要好些。然而，机械通风室内不需大的热存储块质量。

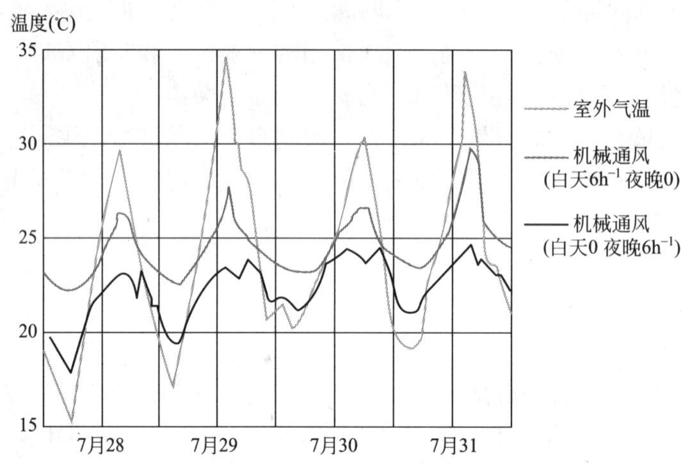

图 4-3　两种机械通风效果在盛夏时节作四昼夜的比较
(来源：LESOCOOL 项目)

4.3　受控自然通风条件模拟

LEOCOOL 项目对如下受控自然通风条件进行了模拟：

4.3.1　基于空气卫生的空气交换

一般地说，办公室平均每人约占 15～$20m^2$ 的面积。对于无烟办公室而言，基于卫生考虑的换气次数达到 0.5～$1h^{-1}$就已足够。这样小的换气次数对于建筑物存储体(块)保持凉爽影响很小。

一个被制冷的建筑物存储体(块)允许换气次数降到 0.5～$1h^{-1}$。只有在温度较高的房间，尚且要求更大的换气次数。

4.3.2　空气移动

随着空气移动，空气对流会增加。夏日炎炎，当外面气温很高，如何让人感觉舒服一点？这时候，从室内屋顶或立式通风产生的空气移动会让人舒适，图 4-4 给出了这种效果。

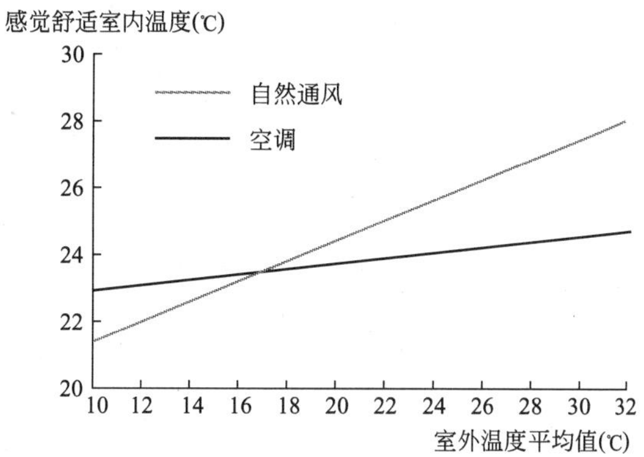

图 4-4 自然通风对人体温度舒适感觉效果

4.4 限制热负荷

在自然通风和机械通风，因为房间内热量只有在夜间才能被排出去，首先应当避免房间白天过热。因此，将热负荷降到最低水平［最好不超过约 150Wh/(m^2·d)］则成为一个重要的前提条件。

然而，经常会遇到这样的问题：

(1) 朝东向房子从清晨就遭太阳光直接照射，使房间得到的热量不能再被排除；

(2) 房间内的设备和人工照明散热；

(3) 在外面气温高时进行通风或者通过立面加热(特别是横向通风，即便室外气温并不太高也会感觉空气移动加热了建筑物。如果为空气质量使换气次数＜1h^{-1}，这种加热并不会明显)。

一般来说，通常的办公室内部热负荷较小，而高科技办公室内部热负荷较大。因此，同样热存储块质量条件下，高科技办公室内温度会比通常的办公室内空气温度高 1～2℃。

4.5 热存储质量

热存储质量是建材吸收和释放热能的能力。要改变一种高密度材料的温度需要很多能量，比如水泥、砖和瓦。因此，它们被称为有大的热存储质量。轻体量的材料(如木材)只有小的热存储质量。正确地利用热存储质量能调和每日昼夜温度极值，增加舒适感并且减少能耗。反之，不正确地利用热存储质量却能使每日昼夜温度极值恶化，不利于能量消耗和舒适度。比如，夏季高温时吸收的热量夜晚放出；或者冬天夜里吸收掉全部产生的热量。要达到高效能，热存储质量必须要和合理的无源设计技术集成到一起：装玻璃要有恰当的朝向、合适的遮阳、隔热及热存储质量。

4.5.1 热存储质量如何起作用

热存储质量具有热缓解及迟滞功能，图 4-5 显示轻体、重体以及被土地包裹的具有类似体量建筑物室内空气温度对室外昼夜温度变化的反映。显然，热存储质量越大，昼夜温度变化的热缓解及热迟滞效果越强，更利于能量消耗降低和舒适度提高。

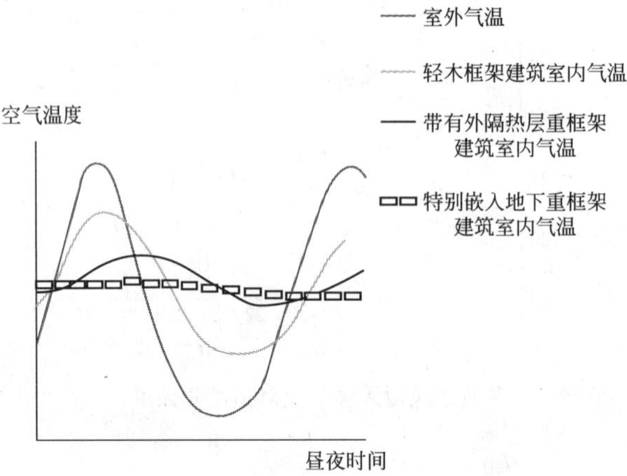

图 4-5　热存储质量的热缓解及迟滞功能

从另外的视角分析，热存储质量的功能如同一个热电池。夏季，它吸收热量保持房子舒适。冬季，同一热存储质量可以储存从太阳得到的热量在夜里释放出来，以助房间保持暖和，如图 4-6 所示。

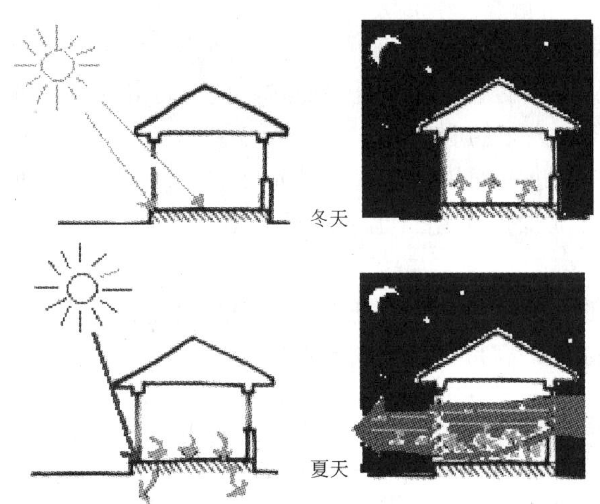

图 4-6　热存储质量在冬季和夏季的作用

从图 4-6 可以看出，在室外气温昼夜温差大的地方，热存储质量显得特别有意义。

热存储质量并非隔热层的替代品。热存储质量的作用是吸收进和辐射出热量；而隔热层的功能却仅仅是阻止热量进入或溢出房间。通常，高热存储质量并不是好的热绝缘体。

4.5.2　热存储质量的特性

(1) 高密度：材料越密实(即越少陷入空气)，热存储块质量越高。比如，水泥具有高热存储质量；混凝土加气砌块(Aerated Concrete，AAC block) 具有低热存储块质量；隔热材料几乎没有任何热存储质量。

(2) 好的热传导性：材料应允许热量通过。比如：橡胶的导热性差，砖的导热性好，钢筋混凝土更好。但是，过高的导热性(如钢铁)能量吸收和释出太快，难以承担热存储质量对昼夜温度变化的热缓解效应及热迟滞效应的功能。

(3) 低反射率：深色、粗糙或起纹理的表面要比浅色、光滑高反射力的表面热存储块质量更高。

4.5.3 通风制冷系统的热存储质量

建筑物的热存储块质量是建筑室内温度的稳定因素。热存储质量越大，则室内温度越趋均匀稳定。大的热存储质量［＝毛密度(ρ)·比热容(c)］能平稳几天之内的温度波动。对于几天之内的温度波动而言，室内内表面具有决定性意义。这里用一个“热量侵入系数b”作为描述这一短期作用的尺度。热量侵入系数值越高，则通过材料表面吸纳或释放热量越快。白天的温度高峰时的热量被收留，到夜里再被释放出来。

在热存储质量欠缺或较小以及低热量侵入系数值时，热负荷只能通过通风才能导出。若室外气温很高则没有任何制冷的可能性。这时候就生成所谓“棚屋气候”——只有借助强力空气移动来缓解。

热存储质量应当在夜间和清晨用凉爽空气通风来制冷。间歇阵次通风和仅仅清晨通风并不足够，凉爽空气涌入时间太短。制冷时间周期至少要5h。理想的情况是采用最大换气次数：实现从22：00～10：00的通风。

实体建筑一般总有足够的热存储质量。对此最大的贡献可算水泥楼板，大约为180Wh/(m^2·d)。砖墙占全部纯闭合面积的12%时可贡献120Wh/(m^2·d)的存储热负荷。如此盖成的建筑自身就拥有300Wh/(m^2·d)的存储热负荷，每日仅加热1℃上下，当然此时已考虑到：在白天，室外气温高。

10cm厚的石膏墙仅接受35Wh/(m^2·d)的存储热负荷，而石膏纸板墙更是仅为其一半。如果屋顶和地板亦是热力学松散开放型的或者同样也是依照轻体建筑方式建造，显然，成为夜间通风制冷有效的热存储质量的机会微乎其微。

图4 7展示不同热存储质量对室内温度进程的影响。

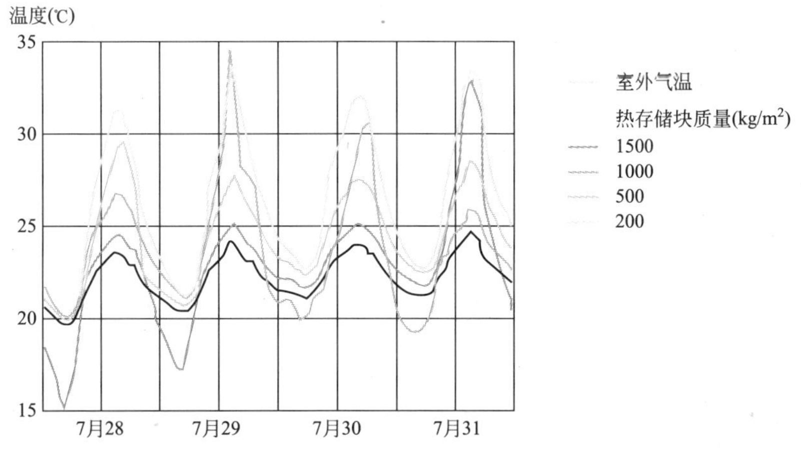

图4-7 热存储块质量对室内空气温度进程的影响

(来源：LESOCOOL项目)

(高技术办公室，白天通风2次，夜间通风4次，朝南座向，g-值15%)

较重的建材具有更好的热力学特性。热容——提供潜在的热存储质量；热量侵入系数显示接纳和释放热量的速度。自然通风时，后一特性更具决定性。表 4-1 罗列了常用建材的这些系数。

常用建材有关热力学系数(来源：LESOCOOL) 表 4-1

建筑材料	热容 ρc [MJ/(m^3·K)]	热量侵入系数 b [Ws$^{1/2}$/(m^2·K)]
隔热材料	42	42
木头	780	330
石膏	779	353
刨花板	1029	392
栎木	1620	583
轻水泥	1200	675
隔离砖	1027	608
普通砖	1343	912
加实砖	1501	1102
水泥砖	1933	1390
钢筋水泥	2637	2178
花岗岩	2621	3028
钢	3674	14846

4.6 通风开口的位置

通风开口的位置对一般通风房间制冷效果影响并不大。当然，穿堂风时则另说，因为绝对的风平浪静很少遇到。

还有，利用经过前厅、楼梯间穿过多层的自然通风很有意思。总而言之，只有当室内空气温度比室外气温高时，首先是夜间，此等热力学驱动才运行。利用自然通风制冷的优点在于：仅以低的运行花费就得到高效率的空气交换。

自然通风需要通风开口和压力差。压力差通过温度区别和风形成。有风时一点点开口就足够。当没有压力差时，即便通风开口很大，制冷效果也非常一般。室内空气温度和室外气温越接近，则无风时压力差越小，连带的空气交换也越少。空气交换随室内外空气温差的增加而加大，这就是夜间通风制冷的一个好的前提条件。

机械通风制冷的优点主要在于运行的可靠性。相对于自然通风而言，机械通风能提供不变的和可以设计的空气交换。而自然通风的自我调节效果尚需由经机械通风借助巧妙的通风控制来替代实施。对于内部具有高热负荷的建筑物，机械通风将提供可靠并且依照设计运行的可能。为此，可以通过旨在选择和安置通风系统来实现通风。

一个可以料想的方法是：借助于机械通风将空气导引通过建筑部件。以此办法，可将建筑体如所预期那样制冷。在这方面已有不同的项目得以实现并且达到令人满意的预期目标。

在夜间机械通风中要注意：压头损失要小和好的气阀作用度。接通夜间机械通风系统的准则，比如，可以为：$t_i>24$℃以及 $(t_i-t_a)>2$K，这里，t_i 是室内温度；t_a 是室外温度。

一个经深思熟虑安置的设施经常是带有制冷机的夜间制冷通风。但是从经济和生态观点看，由于多几倍的消耗，又不得不放弃之。

4.7 不同建筑类型夜间通风小结

4.7.1 住宅建筑

（1）自然通风对于住宅建筑而言可算作好的选项。居住者可以确保一个适宜的夜间通风。

（2）机械通风也能在住宅建筑中安置，但同时带入外面的嘈杂之声和较差的空气质量。

（3）由机械设施来完备自然通风不仅冬天能有热量回收所赢，而且可以在没有专业人员在场的情况下实现预期目标的通风或者可以减缓哮喘病人的痛苦。

4.7.2 办公室建筑（图 4-8）

（1）自然通风对于办公室建筑而言需要有特殊的建筑技术措施。这些措施完全可以使建筑物彻底增值。

（2）白天没有控制的自然通风会产生问题——导致室内迅速吸纳并不希望的热量。

（3）在办公室建筑中，机械通风不如夜间自然通风有效但是较为可靠。

（4）有机械技术支撑的通风系统能较好地和其他制冷系统组合，特别是与地热热交换器结合，作为吸进新鲜空气的预处理。

（5）机械通风设施冬天能通过热量回收有效地进行通风，使室内舒适度上佳。

图 4-8　大型办公室建筑物的自然通风往往对建筑有特殊要求，但也能设计得风采宜人
（来源：BRE，英国 WATFORD）

4.8 风塔

4.8.1 风塔的运行

风塔通常以热堆栈（thermal stack）的或热烟囱（thermal chimney）的形式在目前低能耗通风设计中颇为普及。风塔借助放大自然驱动力——利用垂直密度差（由热增益引发温度差造成）产生的热浮力，在贯穿整个围护结构包络的空间中驱动空气垂直方向的循环（见图 4-9）。

热堆栈用来排除在高层面空气的热积滞，但现代低能耗建筑已较少采用。在借助自然驱动前立面后通风处还有用。

4.8.2 传统风塔

风塔可算作一种传统建筑元素而且主要用于居民住宅区。这种风塔的功能是在高于地面位置诱导捕捉习习凉风并且导入建筑物内。这一建筑特色在炎热干燥的阿拉伯湾周边国家（如阿联酋）曾很普遍。尽管现在大多数被空调所取代，风塔却成为地域建筑特色的标志。

图 4-10 是迪拜老城区一座带风塔的建筑物。

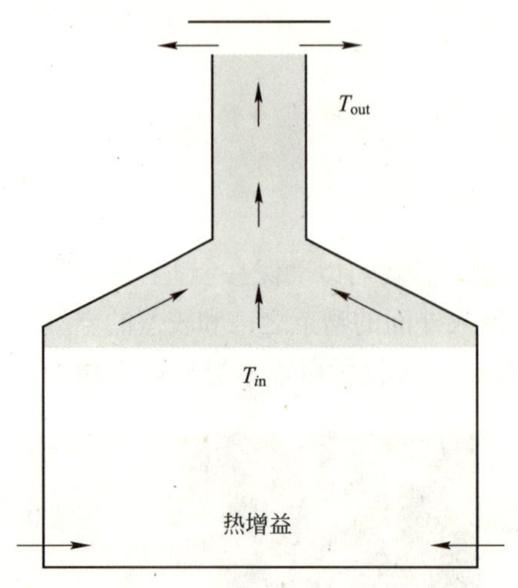

图4-9　热烟囱风塔利用热浮力强化通风流

图 4-10　迪拜老城区一座带风塔的建筑物

4.8.3　现代冷却风塔设计

要让向下的大空气流通过冷却塔，需在冷却塔壁板上面安装一个大型旋转收集器。此旋转收集器应当有一文氏管系统(venturi system)保持迎风朝向。

吸入空气收集器由铝或带有帆布包裹的铝框架制成。进入空气经管线通过冷却器壁板(厚 10cm，两块面积约 1.86m²)，穿过带有类似厕所浮阀式储水柜。这样一来，吸入使用空间的空气实现直接蒸发冷却。

对于排气旋转收集器也应当有一文氏管系统保持背风朝向。保持相应方向能确保工作的连续性，比起采用太阳烟囱(见 4.8 节)更高效。

图 4-11 展现了这样的现代冷却风塔设计。

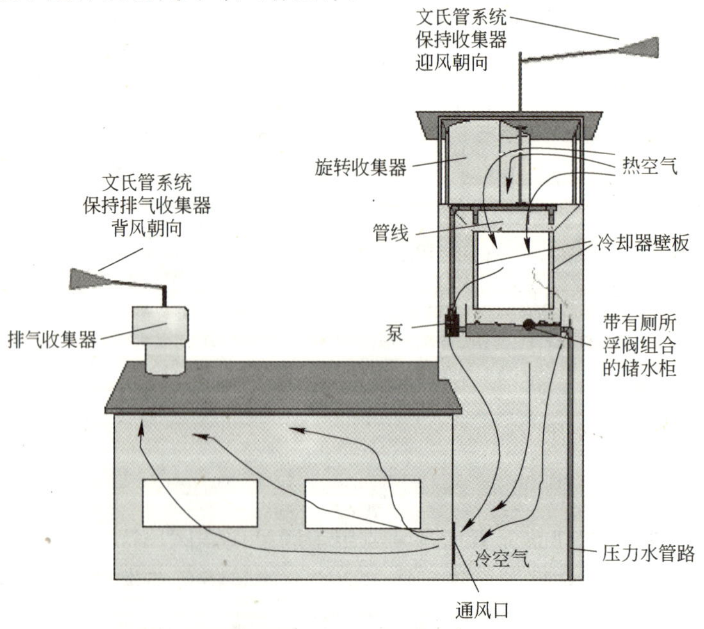

图 4-11　现代冷却风塔设计
(来源：Tom Elliot)

4.9 太阳能烟囱(Solar Chimney)

4.9.1 太阳能烟囱概述

太阳能烟囱(热烟囱的一个变种)是无源地借助于太阳能加热空气通过对流改善建筑自然通风的一种方式。简而言之，太阳能烟囱是一座应用太阳能垂直井筒以期加强建筑物自然堆栈式通风。

太阳能烟囱已经在中东和欧洲地区应用了几个世纪。最简单的太阳能烟囱就是外面涂上黑色的烟囱，它白天吸收更多太阳能加热烟囱，使烟囱中的空气上浮。这一在烟囱底部的吸力可用于通风和建筑物低层制冷。在酷热而且静止无风期，太阳能烟囱可以提供自然通风。

4.9.2 太阳能烟囱设计要点

太阳能烟囱有各种不同类型，其基本设计要点如下：

(1) 太阳能集热部分：朝向、光泽类型、隔热以及结构热特性对于控制、保持和高效利用太阳能至关重要。

(2) 主通风井筒：坐落、重量、断面和结构热特性同样重要。

(3) 入口、出口孔径：尺寸、落点还有相关空气动力学特性也很关键。

4.9.3 太阳能烟囱住宅无源制冷

空调和机械通风面对气候变暖和能源危机的挑战，与传统技术相结合的创新往往能够得到解决办法。太阳能烟囱就是这样一种研究和实验的热门。图 4-12 简单地描绘出太阳能烟囱从地热交换提供住宅无源制冷的原理。

太阳能烟囱应当高于顶层，有光泽的大表面面对太阳照射方向以吸收更多的太阳能，另一面采用热吸收材料。地下管道的铺设更使制冷效果最大化。这个系统也可以在寒冷季节提供太阳能取暖。

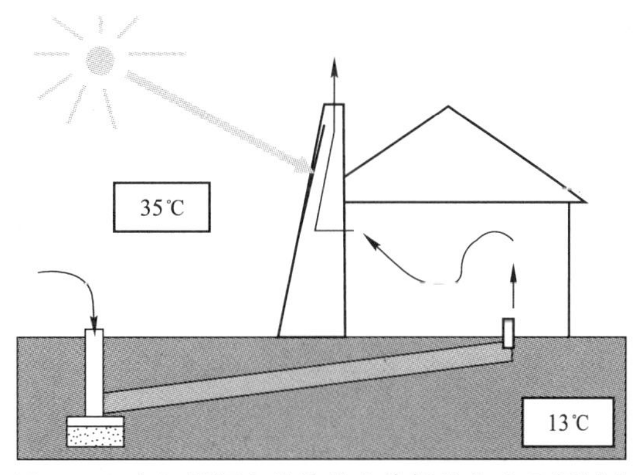

图 4-12　太阳能烟囱从地热交换提供住宅无源制冷原理简图

4.9.4 蒸发下拉制冷塔

一个与太阳能烟囱相关的技术是蒸发下拉制冷塔，在炎热干旱地区这一技术可以取代建筑物空调设施。

这是源自非洲马里的建筑形式的进一步改进：在塔顶部安置蒸发器使空气制冷下吸，得以使这个下降的温度带至整个建筑物内。采用太阳能烟囱技术可使空气流加大，利于热空气排出室外。这一概念已经由美国国家可再生能源实验室(National Renewable Energy

Laboratory，NREL)高性能建筑研究室设计用于 the Visitor Center of Zion National Park 项目之中。图 4-13 简单地描绘了这一概念。

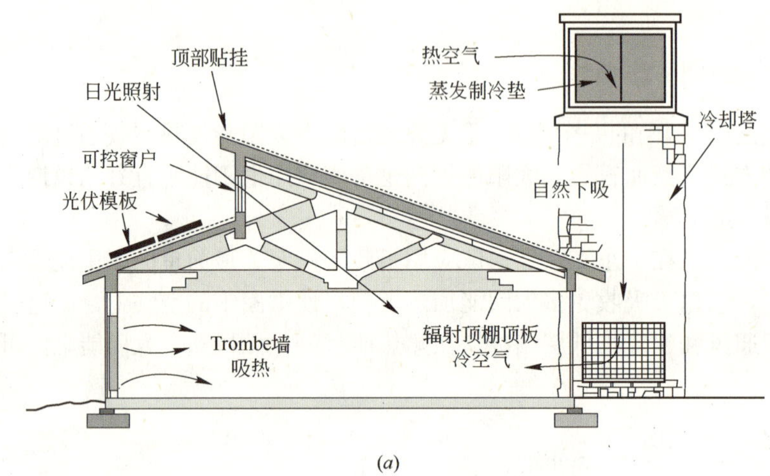

(*a*)

(*b*)

图 4-13 美国犹他州 Zion 国家公园游客中心冷却塔建筑

(*a*)美国 Zion 国家公园游客中心的制冷塔提供凉爽空气

(*b*) 美国犹他州 Zion 国家公园游客中心外景

(来源：NREL and NPS drawing)

4.10 相变制冷

4.10.1 相变物质

相变物质(Phase Change Material，PCM)是一种当加热时从固态变液态，制冷时会相反从液态变固态的物质。水就是明显的例子：从冰到水，在温度升高之前会吸收大量的热。如果一种 PCM 在某一令人舒适的温度相变，对于调节建筑物内部温度是最理想不过了。硫酸钠(Na_2SO_4)及其变种(Glauber salt)俗称元明粉、无水芒硝从固态到液态的相变温度为 28℃，要吸收大量的热，因此可以使毗邻空气制冷。当这种 PCM 的相反操作，即从液态回到固态，会放出热量。

4.10.2 相变制冷系统的运行

英国诺丁汉大学(Nottingham University)建筑技术学院利用化学热沉降吸收空气中的

热量并将制冷的空气送入建筑物。这是一个能量利用极为高效的系统，仅仅用通常空调系统能耗的很少一部分。此系统特别适合于仅降低几度即可达到舒适温度的情况。

图 4-14 给出了相变制冷工作原理示意图。

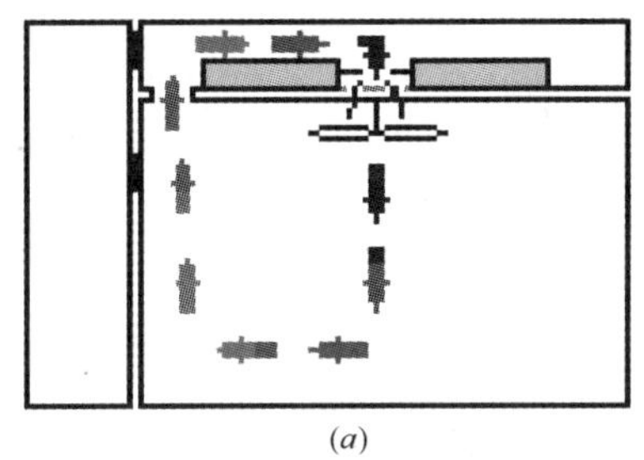
(a)

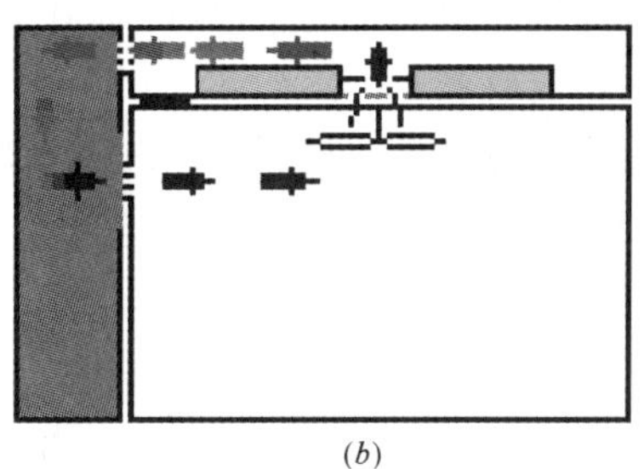
(b)

图 4-14 相变制冷工作原理示意图
(a)白日工作；(b)夜间运行

在白天，风扇将室外热空气吸进充满液体的热管，然后导向储存有固态 PCM 的容器。PCM 被置于屋顶气体稀薄处，白日遂吸收热量渐渐融化而提供冷空气通风，如图 4-14(a)所示。

夜间，通往外面空气的窗打开，风扇反转，吸入外面凉爽空气通过 PCM，继而造成 PCM 固化。由此而释放出的潜热被排放到室外，如图 4-14(b)所示。

4.10.3 相变制冷系统的运行效果

整个过程的运行利用了 PCM 的潜热，因此制冷温差不会太大。

相对于通常空调系统，相变制冷系统具有以下优点：

(1) 相变制冷系统制冷空间效果更显均匀；

(2) 空调系统却要求不能开窗；

(3) 诺丁汉大学系统运行不受附加自然通风的影响；

(4) 从 KYOTO 实验原型的结果看，能耗仅仅为通常空调系统耗能的 1/16；

(5) 大大减少了 CO_2 气体排放。

4.10.4 最新技术——含微胶囊相变材料的建筑制冷

热量白天被吸收夜晚再被放出，夏天不用空调——含石蜡塑性剂微胶囊相变材料用来增加建筑材料的热存储质量。不用高密度大质量建材，就能起到对昼夜温度变化之热缓解效应及热迟滞效应的功能——节能、低碳、舒适又环保。

4.10.4.1 相变材料提高热容

相变材料(PCM)利用存储直接或潜热产生相变其间温度几乎保持不变的特性并依此成为其主要应用领域，如餐饮保温等，取决于相变温度的选择。也可应用于服装和建材，获得舒适性。对于建筑，舒适温度其实范围不大，比如 20～24℃。PCM 的相变(融化)热 $\Delta H \approx 200$kJ/kg。若加 30%的 PCM 进水泥［比热容 0.92kJ/(kg·K)］，这种材料的热容成为 63.7kJ/kg［30%×200kJ/kg＋4K×0.92kJ/(kg·K)］比纯水泥的 3.7kJ/kg 提高 17 倍多。

4.10.4.2 微胶囊相变材料

早在20世纪80年代，美国就有研究相变材料以及微胶囊相变材料的报道。最近几年，欧美几家大公司研究微胶囊相变材料有新进展，其中石蜡塑性剂微胶囊相变材料用来增加建筑材料热存储质量的产品在欧洲已经面市。

微胶囊相变材料(Microencapsulated phase change material，microPCM)产品是非常小的二元颗粒：包含核芯材料——相变材料(PCM)以及外壳或胶囊壁。PCM是典型的石蜡塑性剂(paraffin-wax)或者脂肪酸酯(fatty acid ester)，可以吸收和释放热量以保持某一特定温度，如图4-15所示。

例如，用microPCM做成的滑雪装，PCM首先吸收滑雪者身体热量(PCM在胶囊壁内融化)并存储这一热量直到身体温度由于外部环境而降低时再将这热量释放出来(PCM在胶囊壁内固化)，使滑雪者身体保持温度，如此循环使滑雪者舒适。全部过程中，不论PCM是液态还是固态，均保持在胶囊壁内。胶囊壁总为固态颗粒的PCM容器。胶囊壁是一种惰性、非常稳定的聚合物。

4.10.4.3 微胶囊相变材料的特性

微胶囊相变材料具有如下特性：

(1) 颜色：白或稍偏白；

(2) 温度范围：－30～52℃任选；

(3) 在微胶囊内粉状或湿过滤芯；

(4) PCM在微胶囊内85％～90％；

(5) 平均颗粒尺寸：15～25μm。

4.10.4.4 微胶囊相变材料的应用

(1) 纺织(需保温的衣服、鞋袜、家具套垫、外装、军服、制服等)；

(2) 建材(墙板、涂料、瓦、隔热层、地板屋顶等)(见图4-16)；

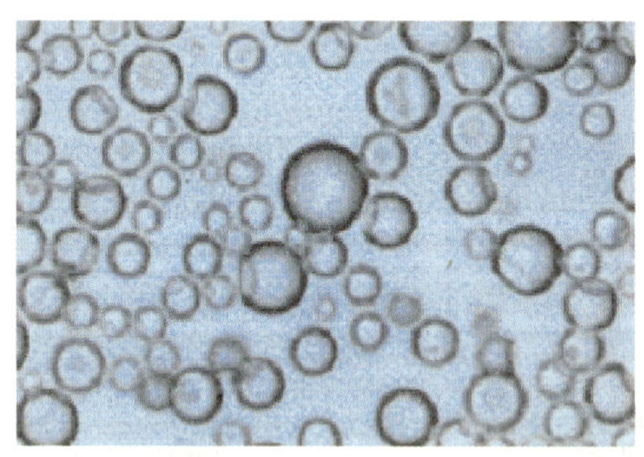

图4-15 微胶囊相变材料
(来源：Microtek)

图4-16 PCM自然空调
(来源：Microtek)

(3) 包装材料(需保温运输的生物医药制品、食品、实验室样品等)；

(4) 电子工业(激光器、计算机、线路防过热等)；

(5) 环境保护(太阳光热和辐射热流存储器)。

5 蒸 发 制 冷

蒸发制冷的方法又称绝热制冷，已长时期为人所知，并在室内空气技术上常有应用。

5.1 蒸发制冷的物理基础

5.1.1 蒸发制冷的基本原理

蒸发制冷的基本工作原理如图 5-1 所示。

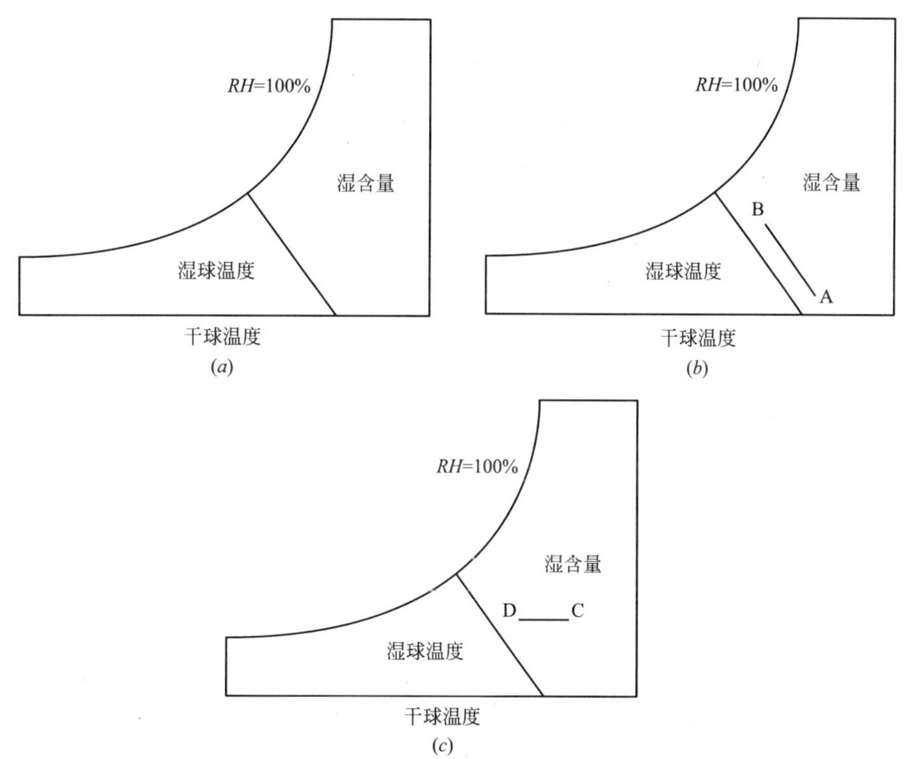

图 5-1　蒸发制冷原理

(a)简化空气焓湿图；(b)直接蒸发制冷过程；(c)间接蒸发制冷过程

蒸发制冷是涉及潮湿空气的特殊现象和物理过程。这一研究潮湿空气热动力学状态的物理学分支可称为(干湿球)湿度计量(psychrometry，源于希腊语 psuchron(ψυχρόν)内涵为“冷”；metron(μêτρον)意思是“测量手段”)。

潮湿空气是干燥空气与水蒸气的混合物，其含水量(与温度和压力相关)可以从 0 到一个最大值。含水量最大值指的是达到潮湿空气和凝结水相间的一种中性平衡，常称为“饱和”(saturation)。潮湿空气的热动力学特性由空气焓湿图(psychrometric chart)表示，其轮廓如图 5-1(a)所示：横坐标为潮湿空气的温度，称作“干球温度”；纵坐标之一是水蒸气对干空气的比例；图中曲线(粗)代表相对湿度，此图仅指 100%，而 0 即与横坐标干球温度线重合。

第一个用于测量空气含水量的仪器是干湿球温度计(psychrometer)。一个干湿球温度计内含两个温度计，其中之一的球(bulb)由一端浸在水中的(灯)芯包裹。当湿球温度计放在空气流中，水从(灯)芯蒸发，其蒸发量与空气水含量相关。当平衡时测出的温度称“湿球温度”，在焓湿图中用细斜线标识。

蒸发制冷的基本工作原理在于水变成水蒸气，即从液态到气态的相变。热动力学上将这种状态相变所需能量称为“蒸发潜热”。不饱和空气与水接触引起水分蒸发，而蒸发潜热来自于空气流，空气则会变冷。显然，空气中的水含量增加了。这一过程被称为“直接蒸发制冷”，如图 5-1(b)中线段 AB 所示。此时，湿球温度保持不变。

当蒸发在一个热交换器的原边，而被冷却的空气在热交换器的副边，空气含水量保持不变，这一过程被称为“间接蒸发制冷”，如图 5-1(c)中线段 CD 代表这一间接蒸发制冷过程。

5.1.2 蒸发制冷系统的效率评估

5.1.2.1 蒸发制冷系统的浸透效率

无论评估直接蒸发制冷系统还是间接蒸发制冷系统的特性，都基于浸透效率(saturation efficiency)这一概念。浸透效率 η 定义为：

$$\eta=\frac{T_{\mathrm{db,in}}-T_{\mathrm{db,out}}}{T_{\mathrm{db,in}}-T_{\mathrm{wb,in}}}$$

式中 $T_{\mathrm{db,in}}$ 和 $T_{\mathrm{db,out}}$——系统空气进入口和输出口的干球温度；

$T_{\mathrm{wb,in}}$——系统空气进口的湿球温度。

5.1.2.2 经蒸发制冷空气温度计算

根据媒介和空气移动系统的浸透效率计算出的希望降低的温度，“湿球压降”(WBD)是进入系统的空气干球温度和湿球温度之差，即 $WBD=T_{\mathrm{db,in}}-T_{\mathrm{wb,in}}$。

排出空气的干球温度 $T_{\mathrm{db,out}}$ 可以用下式算出：

$$T_{\mathrm{db,out}}=T_{\mathrm{db,in}}-(\eta\cdot WBD)$$

例如：35℃ db(干球温度)和 25℃ wb(湿球温度)等于 10℃湿球压降。系统浸透效率 $\eta=80\%$(产品说明书提供)；因此，排出空气的干球温度 $T_{\mathrm{db,out}}=35-(80\%\times10)=27$℃。

5.1.2.3 蒸发制冷系统评估

直接蒸发制冷系统使得被冷却的空气含水量增加，遂导致室内空气湿度升高。如果室内有足够的通风，这并不至于引起不舒服的感觉。不然的话，效果很可能不理想。

应当对蒸发制冷系统提出如下要求：

(1) 浸透效率 $\eta\geqslant70\%$；

(2) 最大室内空气流速≤1m/s；

(3) 室内相对湿度<70%；

(4) 室内温度低于室外干球温度 4K。

间接蒸发制冷系统不会有被冷却空气含水量增加而导致室内空气湿度过高的问题。另外，它也不会要求有高通风率以及湿度控制或去湿设施。然而，间接蒸发制冷系统技术更加复杂，初始投资和维护保养费用更高。

5.1.3 由空气焓湿图分析蒸发制冷

室外空气，更确切地说，对房间进气进行加湿的可能性，首先是在夏天，由于进气相对湿度的增加，在中欧气候并不被看好也不予以推荐。当湿度较大时，人体借助于排汗将热量排出则会比较困难，出汗保持在皮肤表面而形成水膜，导致人感觉不舒服。因此，进气直接加湿仅仅在夏天室外空气非常干燥的地区才有意义。

与此相反，废气却可以用不同的方法绝热降温，因为建筑物中的废气已经不再有什么用处了。经由绝热加湿而获得的制冷能量能够通过能量回收传到进气气流。

按照空气焓湿图，图 5-2 清晰地描述了这一过程：

图 5-2 把依照废气加湿原理的制冷过程描绘得非常清楚：蒸发温度与室外空气（或者说废气）状态息息相关。水（除了驱动泵的能量以及与周围环境热交换因素之外）既不被加热也不被制冷。在理想的情况下，水接纳湿球温度——同等焓值空气状态下，空气中水蒸气达到饱和时的空气温度；在空气焓湿图上是由空气状态点沿等焓线下降至100%相对湿度线上，对应点的干球温度（气温），即图 5-2 中所示温度 $t_{潮湿制冷}$。

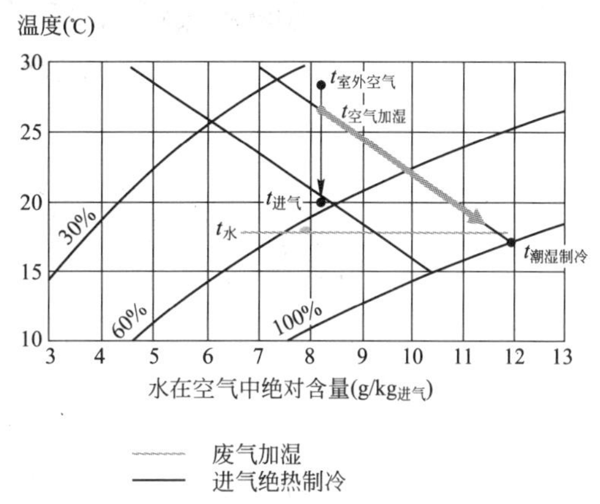

图 5-2 废气加湿以及进气绝热制冷
（来源：M. Zimmermann）

制冷的潜能究竟有多大，本质上取决于外面新鲜空气的绝对湿度，因为外面新鲜空气的绝对湿度主要由废气中的潮湿含量所确定。

如果一座建筑物自身会产生潮气，绝热制冷就不适合在此处应用。

5.2 无源及混合蒸发制冷系统

5.2.1 无源直接蒸发制冷

无源直接蒸发制冷这一领域包括利用植被、喷泉、水雾、池塘、冷却塔等制冷技术。

5.2.1.1 利用植被无源直接蒸发制冷

利用植被无源直接制冷作为自然蒸发制冷的手法，作用很大。树及其他植物蒸发，挥散潮气以抵挡敏感的酷热。水分的蒸发转移热量相当可观：大约每千克水蒸发吸收周围环境 2320kJ 的热量。植被不仅仅能改善室外景观，而且减少冷负荷：一棵通常尺寸的落叶树每一晴朗夏日大约蒸发水并释放到周围环境的制冷量，相当于 5 台空调机的制冷能力。根据推算，一英亩（4047.87m^2）草坪比完全光瘠土的地表降低温度约 6～8℃。

5.2.1.2 利用喷泉、水雾、池塘无源直接蒸发制冷

从喷泉、水雾、池塘等大片开阔水面的水蒸发速率与空气流速、气压等因素息息相关，一般平均为150～200W/m^2。利用喷泉、水雾、池塘直接无源蒸发制冷可使附近湿球温度低于21℃。

这种直接制冷的方法可以创造出智慧的风景：建筑的进气先通过一大片水面。例如英国Nottingham大学Jubilee校园的主导风向的空气流就首先穿过人工湖水面，再吹进鄰鄰水面湖畔的教学楼宇建筑(见图5-3)。

图5-3 英国Nottingham大学Jubilee校园

5.2.1.3 利用冷却塔无源直接蒸发制冷

传统建筑技术冷却塔早已闻名遐迩。冷却塔技术基于塔顶安置有蓄水容器、储水底盘或者采用喷水的方式使水雾澌出；引入空气流至塔顶蒸发出水气吸热而制冷，然后导入建筑物内部。

和烟囱内空气流动方向正好相反：热空气在烟囱内上升；冷却塔内被蒸发制冷的空气却下降。

在一座当代建成的带冷却塔蒸发制冷建筑物的测量结果表明：冷却塔进口干球温度为35.6℃，湿球温度为22.2℃；冷却塔出口空气温度为24℃。

5.2.2 无源间接蒸发制冷

无源间接蒸发制冷包含如下技术应用：

(1) 屋顶淋雾喷洒；

(2) 屋顶水池；

(3) 移动水膜。

5.2.2.1 屋顶淋雾喷洒

大部分的室内间接致热发生在屋顶。如果屋顶过热，墙的隔热层再好也无济于事。此时，在屋顶采用蒸发制冷(特别在平屋顶情况下)借助屋顶淋雾喷洒技术让人颇感兴趣。如若加上夜间自然通风更为高效。

外部空气带着热增益从屋顶而入，借助从顶部喷洒淋雾使水蒸发吸收热量而致冷。建筑物顶部布满喷雾头。屋顶淋雾喷洒制冷系统由全铜器件组成，每一个喷雾头可以根据室内温度调整流量，甚至调至直接蒸发制冷状态。自动电子控制水流量以期效果最佳，并且

尽量少用水。屋顶淋雾喷洒往往在夜间进行。这样一来，一整个白天将夜间喷出的水膜蒸发达到制冷。美国芝加哥一幢此类建筑经测试达到降低5℃的效果。

5.2.2.2　屋顶水池

比起上述屋顶淋雾喷洒技术，屋顶水池则更为简单，但它的运行要满足如下条件：水池安置在没有隔热层的屋顶上；水面必须有遮阳以避免过热；屋顶温度应比空气湿球温度高；空气湿球温度低于20℃。图5-4给出一座屋顶水池示意图。

5.2.2.3　移动水膜

移动水膜技术是基于在屋顶表面水膜移动。这种间接无源蒸发制冷的增效是用提高水膜和空气间的相对速度来达到的。冷却用水存放在地下室，然后在建筑物空间内循环制冷。

运行需满足以下条件：屋顶温度应比空气湿球温度高。循环系统中介入地热资源收集器，可以使循环用水直接制冷。图5-5所示为屋顶循环制冷系统。

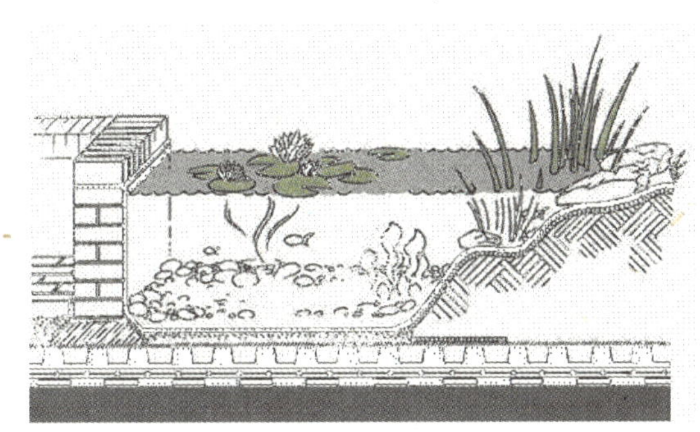

图5-4　屋顶水池示意图(来源：ZinCo GmbH)

图5-5　屋顶循环制冷系统
(来源：Ökoservice GmbH)

5.2.3　混合蒸发空气制冷器

5.2.3.1　混合直接蒸发空气制冷器

混合(hybrid)直接蒸发空气制冷器的基本元件是被水浸透的多孔材料制成的平台。由通风机驱动的干热空气吹过水浸透的多孔平板，水分蒸发使空气失去部分热量而变凉。

混合(hybrid)直接蒸发空气制冷器的浸透效率η为60%～90%。

按类型可分为：

(1) 漏湿滴水(drip)型；

(2) 喷雾(spray)型；

(3) 旋转台(rotary pad)型。

市场可按规格选购。优点：成本低；缺点：高湿球温度，室内水含量大，常常会导致不舒适感。

5.2.3.2　混合间接蒸发空气制冷器

混合(hybrid)间接蒸发空气制冷器采用一台热交换器。它适用于室内湿球温度比室外干球温度低的情形。

混合(hybrid)间接蒸发空气制冷器的浸透效率 η 为 60%～80%。

按类型可分为:

(1) 管(tube)型;

(2) 平板(flat plate)型;

(3) 旋转台(rotating pad)型。

5.2.4 两极蒸发空气制冷器

单极蒸发空气制冷器具有比通常空气调节器制冷节能的优点。但是,除非在特别干燥的地区,蒸发空气制冷器往往造成室内高湿球温度,即室内水含量大,给人不舒适的感觉。应运而生的两极蒸发空气制冷器就不会如同传统的单极蒸发空气制冷器那样产生高湿度,其工作原理如图 5-6 所示。

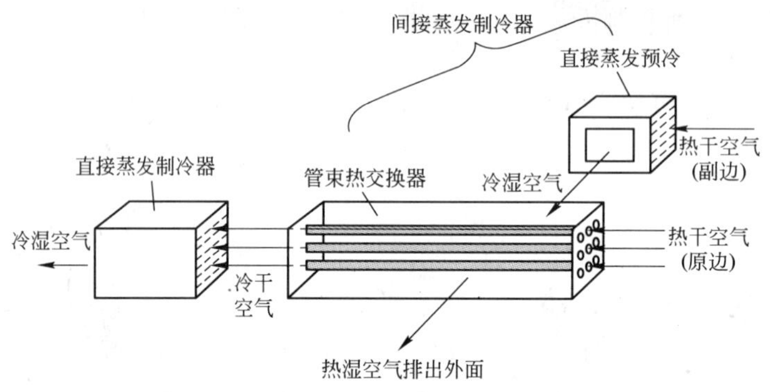

图 5-6 两极蒸发空气制冷器工作原理简图

在两极蒸发空气制冷器的第一极,干热空气间接蒸发预制冷,并没有增加湿度。在两极蒸发空气制冷器的第二极,即直接蒸发制冷——经预冷的干空气穿过水浸透的多孔材料制成的平台,水分蒸发,空气增加少许湿度(相对湿度达 50%～70%)而制冷。

两极蒸发空气制冷器可以比通常空气调节器制冷节能 60%～75%。

两极蒸发空气制冷器的工作过程能够在焓湿图上看出,如图 5-7 所示。

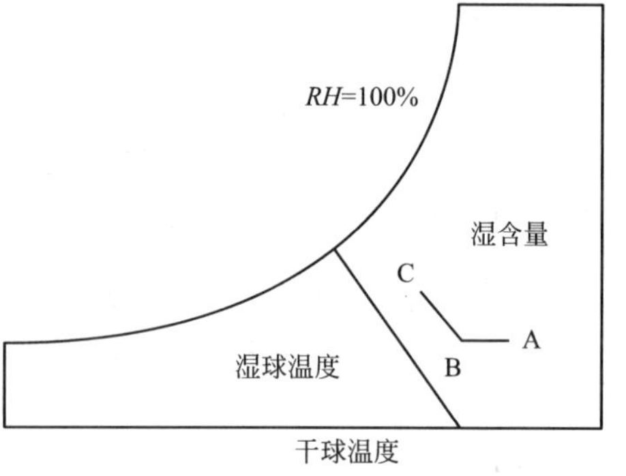

图 5-7 两极蒸发空气制冷器的工作过程焓湿图

在两极蒸发空气制冷器的工作过程焓湿图中,线段 AB 表示空气含水量保持不变,为间接蒸发预制冷;线段 BC 表示湿球温度恒定——直接蒸发制冷。

5.3 绝热制冷系统运行分析

如同在欧洲室内安置的那样,传统的绝热制冷由废气加湿和借助于一个热量回收(WRG)系统达致的冷回收相组合而成。下面讨论的都涉及这样一个系统,如图 5-8 所示。

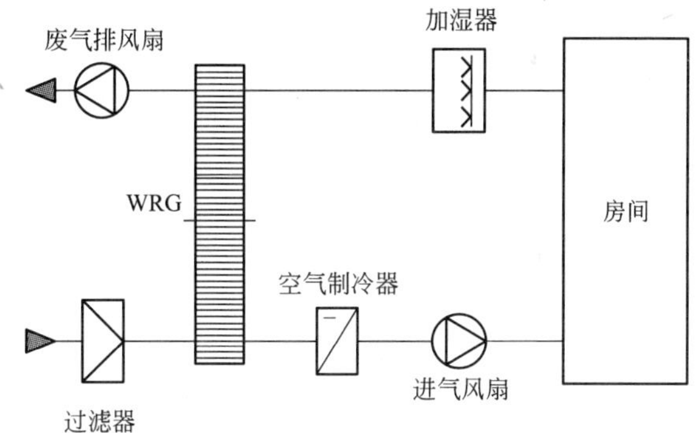

图 5-8　废气加湿设施简图

（来源：M. Zimmermann）

5.3.1　干燥吸收制冷系统

图 5-9 展示了一个利用太阳能的干燥吸收制冷系统简图［见图 5-9(*a*)］以及相应空气在空气焓湿图上的演变过程［见图 5-9(*b*)］。

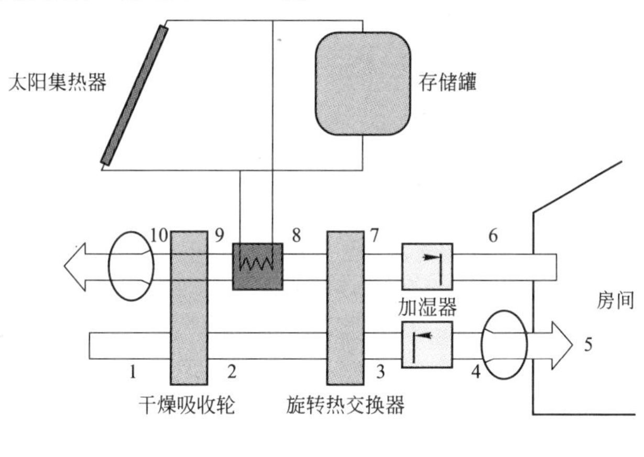

(*a*)

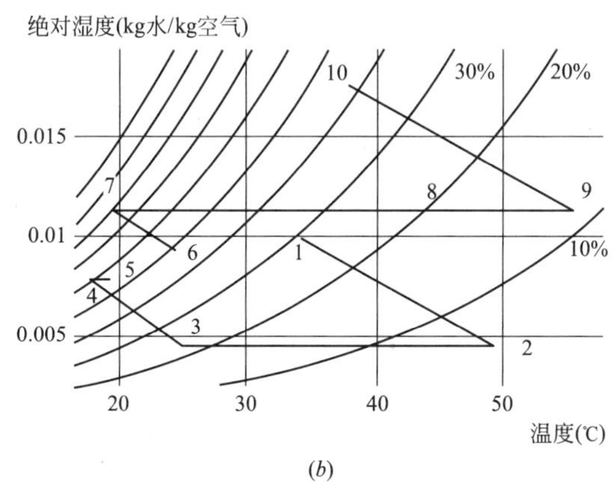

(*b*)

图 5-9　太阳能干燥吸收制冷系统简图及相应空气在空气焓湿图上的演变

（来源：E. Wurtz et al）

这种系统由一个干燥吸收轮与在进气流和排气流中热交换前面安置的加湿制冷器组成。这一系统允许空气制冷和去湿，而且并不需要任何制冷剂。

干燥吸收轮含有干燥材料——氯化锂，它需要外部热源再生，这里采用太阳能作为外部再生热源。这是因为这种干燥材料仅需要较低的再生温度(40～70℃)，液态介质平板太阳能集热器就可胜任。

5.3.2 系统运行模式

根据室外空气条件及建筑物形式不同，此制冷系统的运行有如下四种模式：

(1) 通风模式——仅进气风扇(4-5)工作；

(2) 直接加湿模式——进气直接加湿(3-4)；

(3) 间接加湿模式——通过一个旋转热交换器(2-3)进气明显地制冷，另一方面，在此热交换器另一侧(废气排出)，废气经过加湿(6-7)制冷；

(4) 干燥吸收模式——室外空气经干燥吸收轮脱湿：水蒸气被干燥吸收轮吸收，整个脱湿过程(1-2)几乎是绝热的。此后，在旋转热交换器(2-3)和直接加湿器(3-4)进气温度降低。废气排出经蒸发制冷器(6-7)制冷并被用于在热交换器(7-8)中冷却空气。然后，排出废气被太阳能在热交换器(8-9)加热，以再生干燥吸收轮(9-10)。

整个过程的状态和空气排放在空气焓湿图上一览无余，如图 5-9(*b*)所示。

5.3.3 系统控制策略

系统控制策略取决于房间是否在使用。

5.3.3.1 *房间使用期控制*

在房间使用期，系统控制模式的安排可以为：干燥吸收模式、通风模式或者间接加湿模式，如图 5-10 所示。

假设空气流量为常数(0.6m/s)，当早上 9：00 开始工作(房间使用)时，可以设定为通风模式或者间接加湿模式，取决于室外空气温度与排出废气加湿器出口温度之差 ΔT_1：如果 $\Delta T_1>1$℃，系统工作于间接加湿模式；反之，工作于间接加湿模式则效率不高，系统应工作于通风模式。

当室内温度到达 26℃并且存储罐温度 T_S 高于 55℃时，应切换到干燥吸收模式，一直运行到室内温度降到 23℃。如果存储罐温度 T_S 低于 50℃，则应切换到通风模式或者间接加湿模式，这取决于室外空气温度与排出废气加湿器出口温度之差 ΔT_1，如前所述。

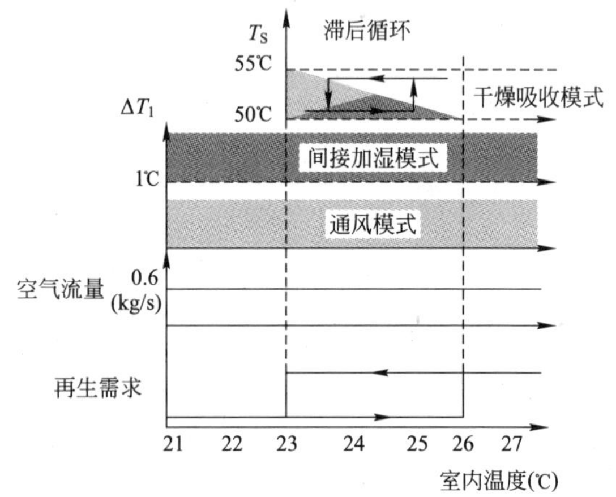

图 5-10 房间使用期间控制模式安排

(来源：E. Wurtz et al)

ΔT_1—室外空气温度与排出废气加湿器出口温度之差；

T_S—存储罐温度

5.3.3.2 *房间不被占用期的控制*

房间不被占用期，系统控制模式的安排可以为：通风模式或者间接加湿模式，取决于室外空气温度与排出废气加湿器出口温度之差 ΔT_1 以及室内温度必须超过 23℃，并且供气温度和室内空气温度之差 ΔT_2>4.5℃，如图 5-11 所示。

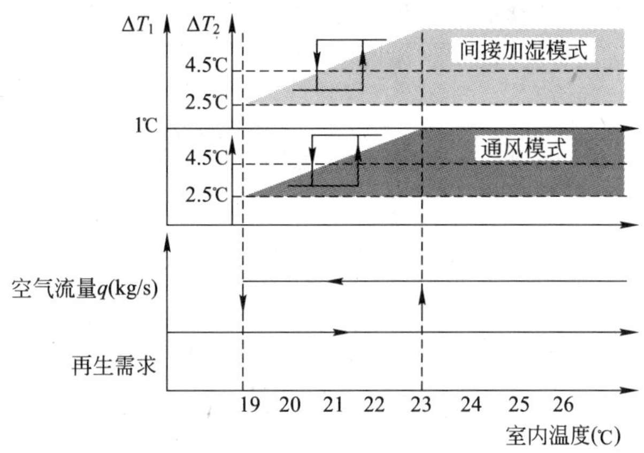

图 5-11 房间不被使用期间控制模式安排

(来源：E. Wurtz et al)

ΔT_1—室外空气温度与排出废气加湿器出口温度之差；

ΔT_2—供气温度与室内空气温度之差；$q=0\sim0.6$

所有滞后循环的目的在于防止连续性地在不同模式间切换。

5.3.4 系统变种

5.3.4.1 重要元件选项

显然，这样一个系统的两个重要元件是加湿器和热量回收(WRG)系统。二者在技术方面，包括功效、辅助能源消耗、特殊水准备以及投资效果等方面，均可以依不同方式实现。

5.3.4.2 加湿器选项

(1) 空气洗涤；

(2) 接触加湿；

(3) 冷蒸气发生器。

5.3.4.3 热量回收选项

(1) 敏感转子(无湿交换)；

(2) 循环连接系统；

(3) 平板热交换器。

5.4 蒸发制冷系统应用实例

5.4.1 美国联邦法院 Phoenix

采用蒸发制冷实例中，最具气魄和雄心的当数由美国 Ove Arup & Partners 环境工程师 Richard Meier 设计的美国联邦法院 Phoenix，Arizona。

Arizona 州夏季最高气温超过 40℃，同时空气干燥，相对湿度大约为 40%。这些条件使得这一建筑物成为采用蒸发制冷的最佳选择。

此蒸发制冷的构想是在中庭顶部放置喷水器，以期形成一于中庭和紧邻前廊之间的冷空气幕帘。这样一来，很少空气泄漏(见图 5-12)。

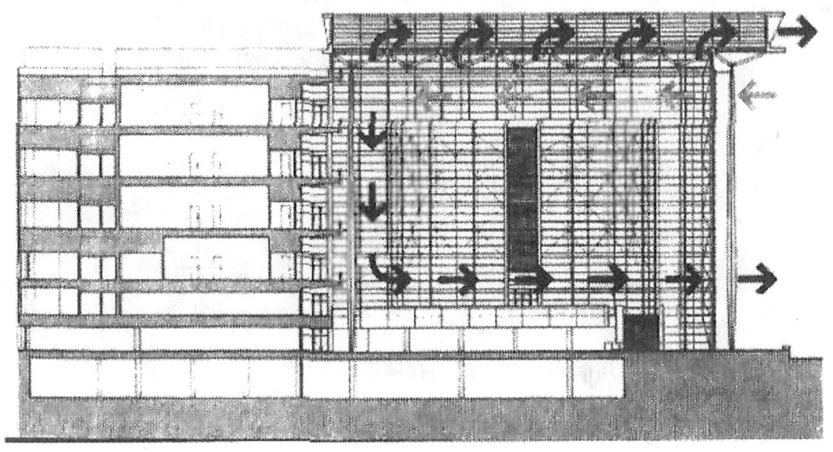

图 5-12 美国联邦法院 Phoenix 蒸发制冷策略
(来源：Peter F. Smith)

5.4.2 马耳他股票交易所

马耳他股票交易所提供了蒸发制冷这个题目中一个很有趣的变种。它的令人难忘之处在于此股票交易所原来是个小教堂，此历史建筑物的墙厚具有大的热存储质量。设计师采用了无源下拉蒸发制冷(Passive Downdraught Evaporative Cooling，PDEC)的解决方案。PDEC 方法的主要优点在于仅仅由浮力动力学驱动而不需任何机械帮助，原理简图如图 5-13 所示。

在马耳他股票交易所的建筑物中，高企的屋脊安置薄雾喷水和冷却管。新鲜空气通过中心枢纽吸气阀吸入已被蒸发制冷的屋脊边侧。这样一来，建立了中厅下部下拉制冷。夏季自动高位吸风使得夜间外面空气进入低位而预冷建筑物，如图 5-14 所示。

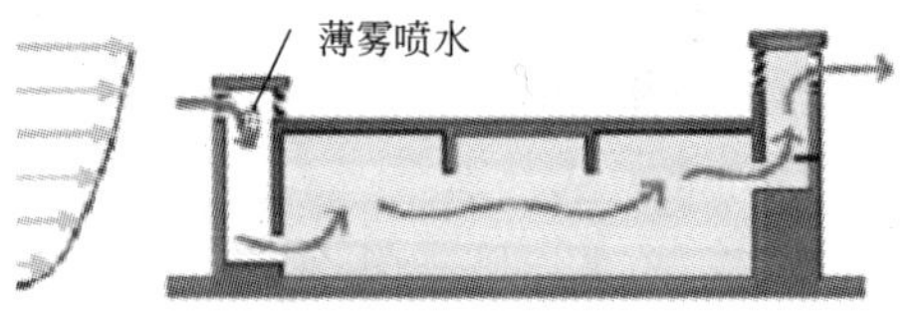

图 5-13 无源下拉蒸发制冷工作原理简图
(来源：Wachenfeldt & Bell，2003)

在此过程中，当内部相对湿度高于 65%时，蒸发喷嘴自动关闭。冷却水直接抵达冷却管，遂使凉爽空气下沉至中厅；与此同时，热空气沿中厅侧部被冷却；然后再下沉。需用能量冷却水，但不需风扇，这部分能量仅占到一个空调系统能耗的 30%。再者，此系统并不需要任何管道或者空气处理单元。

这座 2001 年改建完工的股票交易所，仅仅中厅就因为省去大型风机而节省 60%的能耗。整体建筑改进措施(包括遮阳、隔热、夜间通风等)还能使后面分间办公室能耗降低 23%。采用 PDEC 等项改进，整座建筑节能 48%；年减少 CO_2 排放 28152kg。PDEC 还可以大大减少采用湿冷塔可能引发疾病的危险。

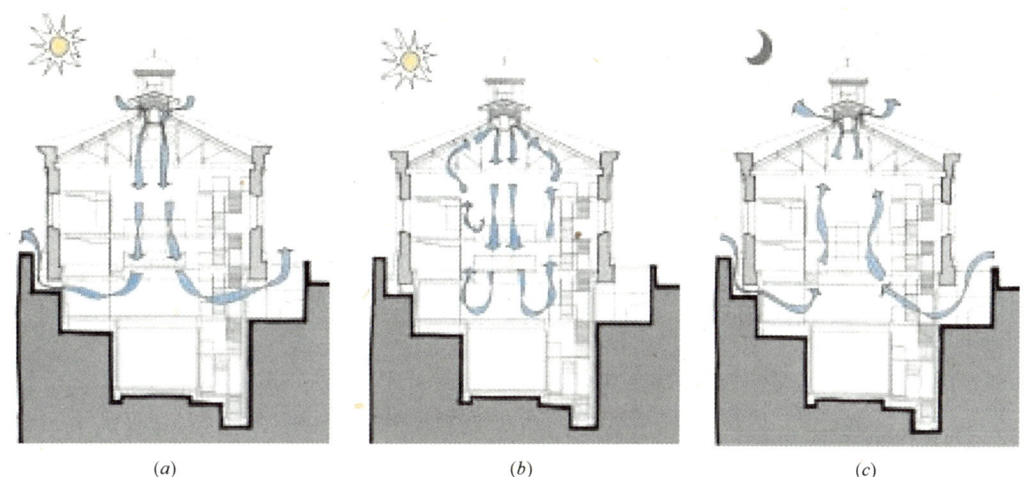

图 5-14　马耳他股票交易所蒸发制冷断面和通风路径
(来源：WSP, UK)
(a)夏季制冷由无源蒸发，制冷环和夜间通风组合而成。当外面温度高且湿度低于 60% 时，屋脊安置的薄雾喷嘴工作，冷却的空气通过屋脊边侧。(b)当湿度高于 65% 时，薄雾喷嘴关闭，冷却水进入冷却管，接替冷却功能。(c)夜间，外面空气低位进入依堆栈效应向上而预冷建筑物。

5.5　干燥脱湿和蒸发制冷

有些环境条件属于高温度和高湿度的组合，此时要求对通常更倾向于降温而非除湿的脱湿空调系统的诟病予以去除。脱湿仅是降温至空气产生凝结的露点温度之下的一个副产品。

5.5.1　干燥剂脱湿

干燥剂是一种吸湿材料，可以是液体或固体，能吸收潮湿的空气、气体或液体中的水分。其中，液体干燥剂靠化学反应吸收潮湿，而固体干燥剂具有大的空间借助毛细管作用吸收大量水分，高效的干燥剂有：

(1) 硅珠(Silica gel)；

(2) 活化氧化铝(Activated alumina)：在氧化铝脱氧过程中高度泡沫化，表面可达 $200m^2/g$；

(3) 锂盐(Lithium salts)；

(4) 三甘醇乙醚(Thriethylene glycol)。

这种脱湿方法，其过程中要求有一个加热阶段，以期干燥或者再生干燥剂材料，一般要求加热温度为 60～90℃。加热源可以是被拆除管式太阳能集热器，如隔热不好时用天然气作后备加热源。另外一种选择可以是从一个热电联产系统(Combined Heat and Power，CHP)的废热中得到供热。

5.5.2　干燥剂脱湿和蒸发制冷

为彻底替代空调系统，可以将一个干燥剂脱湿与蒸发制冷组合在一起，形成如图 5-15 所示的脱湿轮和热恢复轮构成脱湿制冷系统。

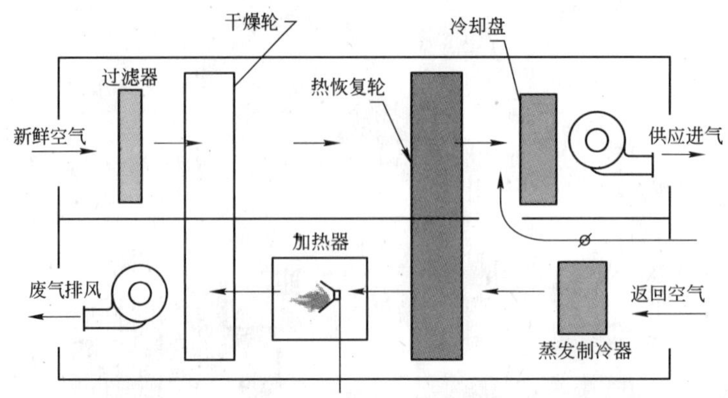

图 5-15　脱湿轮和热恢复轮构成脱湿制冷简图

经旋转干燥轮后变得干燥的空气穿过热交换器，比如一个为制冷的热恢复轮。如果有必要的话，再经过蒸发制冷器进一步冷却后供给建筑物进气。

室内温度用尽返回的空气穿过蒸发制冷器再使热恢复轮制冷。这样一来，使得能再冷却供应进气。经由热恢复轮后的返回空气经加热器加热完毕，导向干燥轮经驱除潮湿再被抽出到室外。

5.5.3　太阳能辅助干燥脱湿和空调结合

在一些特殊环境下，干燥剂脱湿通常要和空调系统结合起来。这时，空气的预处理可以减轻空调系统的负担。

如前例，此系统也有两个空气路径——供应进气和废气排出。供应进气路径：吸入外面新鲜空气，经缓慢旋转的干燥轮吸湿，变干的空气再进入空调机；废气排出路径：将建筑物的废热空气进一步经作为热交换器的疏散管太阳能集热器加热，以再生旋转的干燥轮中的干燥剂材料，然后排出建筑物。

这种系统特别适合饭店和厨房，可以经历温度和湿度的调控。图 5-16 所示为这一干燥轮脱湿和制冷系统。

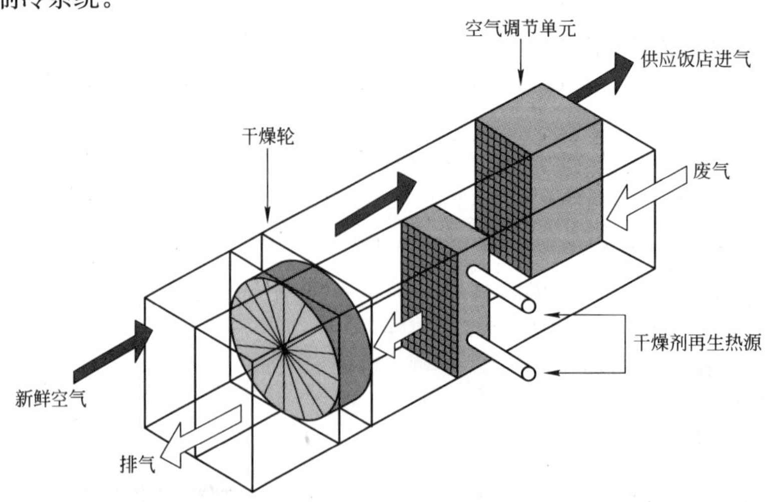

图 5-16　干燥轮脱湿和制冷系统

(来源：Renewable Energy Newsletter 03. 2000)

除了低能耗，这一干燥轮脱湿和制冷系统与常规空调系统相比，还有如下两个优势：

(1) 可以去除空气中的污染物；

(2) 能够提供新鲜空气的连续性供应。

5.6 下拉蒸发制冷塔（Downdraught Evaporative Cooling Tower, DECT）

5.6.1 背景

风塔或称风捕捉器在中东和中亚已历经多个世纪，目的是促进自然通风(详见 4.1 节)。比如，埃及的 malgaf 或伊朗和伊拉克的 badgir，近东地区的巴基斯坦和阿富汗亦有风塔。

传统的风塔，空气自顶端迎风开口进入，然后从一定数量的下端开口排出。传统 badgir 的空气制冷是通过建造在塔基上的潮湿表面或一池浅水来实现的。

但是，这样的风塔尚有如下不足：

(1) 风速过低时，效率不高；

(2) 因为空气和水接触不够，塔的制冷输出太低；

(3) 塔的空气动力学设计并没有实现建筑物空气流的最大化。

Bahadori 的一个新方案提出了下面一些改进：

(1) 塔进口处装置一重力关闭阻尼器，以减少塔顶部背风开口压头损失；

(2) 水在塔的顶部喷吹并利用装在底部的潮湿表面或浅水池；

(3) 喷嘴下部安置一些黏土导管以增加潮湿表面而改善制冷。

后来人们发现：实际制冷时，空气流动的驱动力更多地来自“干而热”空气和“湿且凉”空气之间的密度差。采用多孔材料垫代替黏土导管，空气制冷效果更佳，空气运动也可以部分地借助电力风扇，可以依照制冷效果需求使空气流速度为 0.25～0.7m/s。还有人用喷嘴产生类似雨点的较大水滴以确保蒸发，其中未蒸发的水滴再坠入下面的一池浅水。最佳空气制冷效果当数粗大水滴与细薄雾霭相得益彰之时。

蒸发制冷也曾用来营造室外空间的热舒适——1992 世界博览会，Seville Spain 曾建两排各六座 30m 高的采用微化喷雾稍呈圆锥形下拉蒸发制冷塔，蔚为大观。

5.6.2 工作原理

下拉蒸发制冷塔内空气流动的驱动力来自如下三方面：

1. 下拉蒸发制冷塔顶端空气入口风压

即便没有制冷环节，仍有下列关系式：

$$\Delta P_a = \frac{1}{2}\rho v_\infty^2 \quad (C_{pi} - C_{pe})$$

式中 ΔP_a——整个制冷空间空气进出口间压力差；

ρ——空气密度；

v_∞——周围风速；

C_{pi}——进口压力系数；

C_{pe}——出口压力系数。

2. 制冷后空气的比重增加

即便没有风也能产生空气运动，遵从如下关系：

$$\omega=\sqrt{2gz\frac{(T_e-T_p)}{T_e}}$$

式中 ω——垂直速度；

g——重力加速度；

z——高度差；

T_e——环境温度；

T_p——被制冷的一团空气温度。

3. 下坠水滴传递动量

水滴坠落加速空气流动，可以写成：

$$m_d\frac{dv}{dt}=C_d\rho_a(U-v)\,|\,(U-v)\,|\,\frac{\pi d_d^2}{8}+m_d g$$

式中 m_d——水滴质量；

d_d——水滴直径；

ρ_a——空气密度；

U——空气速度；

v——水滴速度；

g——重力加速度；

C_d——水滴和空气间阻力系数；对于雷诺数(Re)<0.5，推荐：$C_d=24/Re$。

5.6.3 设计因素

(1) 空气动力学设计：考量1)断面；2)风朝向；3)顶端形状；4)高度。

(2) 塔高选择：一般比建筑物高一层。

(3) 喷水系统：

1)潮湿垫——赛璐珞；2)雾霭喷嘴；3)雾滴喷嘴；4)潮湿内部表面：泡沫水泥；5)雾滴喷嘴要比雾霭喷嘴工作更可靠，不需要高压水供应。恰当地在时间、空间和喷水量上分步通过压力控制调节喷水速率和分布；安置水供应和收集器也是必要的。

(4) 水滴直径：水滴尺寸对蒸发过程至关重要：给定体积的水，小的水滴导致与空气的接触面增加，进而更快蒸发。然而，微细喷水并不一定是下拉蒸发制冷塔高效运行所必需的。

水滴直径是雾化过程(强迫液体通过喷嘴)的产物，也是组成一个喷嘴喷射模型的单个水滴直径的统计平均值。有三个不同的水滴直径定义：

1) 体积平均直径 D_{30}

$$D_{30}=\sqrt[3]{\left(\frac{\sum N_i\delta_i^3}{\sum N_i}\right)}$$

2）表面平均直径 D_{20}

$$D_{20}=\sqrt{\left(\frac{\sum N_i\delta_i^2}{\sum N_i}\right)}$$

3）体积-表面平均直径 D_{32}（Sauter diameter）

$$D_{32}=\frac{D_{30}^3}{D_{20}^2}=\frac{\sum N_i\delta_i^3}{\sum N_i\delta_i^2}$$

5.6.4 下拉蒸发制冷塔设计举例及分析

图 5-17 示出由四个下拉蒸发制冷塔组成的 Interactive Learning Centre of the Dubbo Campus of Charles Sturt University Australia 建筑。

此建筑物安置了导风板和挡板，将从下拉蒸发制冷塔出来的凉爽空气从建筑中心引至周边的办公室，并且限制外面的热空气进入。加入电风扇支持从中心空间至周边的办公室经无源制冷的空气运动。该建筑还采用与自然和谐的诸多方面举措，包括利用雨水灌溉系统和室内空气质量控制。尽管采用下拉蒸发制冷塔要求非常规建筑设计，并不可避免地引起工程建设和管理方面的问题，但还是创造了令人欣赏的建筑风貌。

图 5-17 由四个下拉蒸发制冷塔组成的 Interactive Learning Centre of the Dubbo Campus of Charles Sturt University Australia 建筑

在印度、意大利和以色列等地建造下拉蒸发制冷塔的实践表明：

（1）天井的效果因为风能量到天井经重力和连接摩擦，效率并不理想；

（2）空气进口附近加水喷嘴，可能导致空气—水雾混合效果并非最佳。

然而，置入风导板会改善上述问题，提高空气流动效率和空气—水雾混合均匀度。加风扇，喷嘴位置以及其他运行参数都要相对纯无源制冷运行做相应调整。

另外，除了出口比塔断面面积还大外，出口空气动力学特性的设计也必须小心进行。这是因为出口附近会产生湍流，影响空气在塔中穿过。复杂的出口设计使得空气流速小于 1m/s，装置空气动力学曲线型导流板可以减小出口处产生湍流，而且增加空气流 15%～20%而且使空气流速达到 1.5m/s。

5.7 屋顶水池

5.7.1 概述

建筑物屋顶蒸发制冷有两种形式：屋顶水池和屋顶喷水或滴水系统。

屋顶水池又有固定式和带有水面上可以移动的（或悬挂的）隔热盖式两类。

顾名思义，“屋顶水池”是在屋顶上建一水池，司职建筑物的热存储并作为热交换器：

在制冷模式下，屋顶水池作为间歇的热沉降是将使用空间产生的热通过结构屋顶传到水来实现的。水的大体积热容量约 4.18kJ/(m^3·K)；且其便宜、无毒，成为理想的热存储材料。夜间池水通过向天空长波辐射或者当水池没有密封盖时经蒸发制冷。白天它借助固定式或可以移动的(或悬挂的)隔热盖，防止太阳光热辐射和高室外温度。在冬季一直保持0℃以上地区，在冬季可与夏天相反操作屋顶水池隔热盖，以协助房间白天采暖、晚上保温。

5.7.2 屋顶水池元件

(1) 水池支撑：具好的热传导性能，如金属或预应力混凝土板。

(2) 水容器：水可以装在塑料袋中，则不会蒸发也无需补充；也可以通过一个不渗水衬套置入屋顶箱型容器中，暴露在环境中蒸发，需补充维持水面。

(3) 保护盖：固定式或可以移动的，用帆布或塑料材质；固定式也浮在水面上，如泡沫塑料板。

(4) 喷水和循环：经喷嘴注入补充水以及将池水喷射加快蒸发制冷。

5.7.3 设计提示

(1) 水池深度：屋顶水池深度决定单位屋顶面积能盛水的体积，进而决定系统储热能力和热贯性。同时，水池深度亦是给予结构负荷强度的度量。推荐的屋顶水池深度为25～50cm：近下限适于有盖屋顶水；趋上限相对于无盖屋顶水池。屋顶水池深度还与水供能力，结构负荷能力息息相关。

(2) 水池底板颜色：浅色为宜。

(3) 水池支撑结构：水池支撑结构应当提供建筑物内部和屋顶水池之间良好的热传导。采用较薄瓦楞金属板较好。

(4) 水池盖：较不透明(穿透率<0.2)，外表面浅色。

(5) 喷水系统：喷水高度一般为 0.5～1m；如喷水高度为 1m，最佳水滴直径约1mm；喷嘴水平分布且应在池水面上均匀，避免交搭而浪费水资源；应当使整池水每小时循环一次，喷水流量要和热负荷成正比；当周围湿球温度高于池水水温停止喷水，否则池水水温反而升高。

5.8 蒸发制冷的热舒适性和环境健康

5.8.1 蒸发制冷的热舒适性

蒸发制冷不同于其他无源制冷方式：它并不需要将热量转移到环境热沉降。相反，蒸发制冷将被制冷空间的敏感热量变成潜热。这一点对于系统设计和人的热舒适而言，事关重大。

通常的采暖、通风和空调(Heating，Ventilating and Conditioning，HVAC)系统设计标准要求室内空气温度、湿度维持在一个相对较窄的限度之内。因此，为节省能耗，建筑物的围护结构必须有很好的密封，并且在健康标准的基础上采用尽量小的空气交换率。然而，直接蒸发制冷却在制冷的同时难以达到压缩机制冷所能维持的室内空气温度及湿度范围。为了补偿这一点，空气体积流量要大，通常要比 HVAC 系统大一个数量级。这样一来，空气温度、湿度范围和空气速度的组合对于直接蒸发制冷和 HVAC 系统会有不同。另外，这些条件也会随周围环境以及内部热负荷的变更而异。因此，无源直接蒸发制冷(Passive Direct Evaporative Cooling，PDEC)也不见得不如在同一建筑物中安装的常规采暖、通风和空调(HVAC)系统舒适效果好。

一系列基于人类生理学模型来研究在建筑物采用无源直接蒸发制冷(PDEC)条件下的动态热力学感知表明：

(1) 提升湿度到 80%时，热舒适的感觉和对干球温度的接纳程度从 24℃变到 27℃；

(2) 在高温度时提高湿度，人们感觉不满意的比例会明显增加；

(3) 空气速度从 0.3m/s 到 0.8m/s 会改善人们对高温度和高湿度的感受；

(4) 快速改变空气流速会使人的全面舒适度感知恶化；

(5) 着装会改变人们对舒适度的感知。

5.8.2 蒸发制冷与人的健康

先讲个关于"军团病"(Legionnaire's Disease)的真实故事：

1976 年 7 月，在美国费城一间旅馆内举行退伍军人会议，期间近 200 名与会者患上一种前所未见的肺炎和呼吸道感染病，导致 29 人死亡。病症是全身不适、头痛、恶心呕吐、腹泻、肌肉疼痛、发烧、咳嗽，初时是干咳，其后有灰色或血色的浓痰，病情急促和猛烈，若不及时医治，会死于肺炎及其他并发症。

经过多个月的调查，并耗用高达 200 万美元的费用，终于发现病原是一种当时尚未被人认识的杆菌，后被称为"嗜肺性军团菌"。由于这种病首次在退休军人身上发现，因此简称为"军团病"。

军团菌经空气传播，当人吸入含军团菌的微细水雾时就可能发病。自然水域如湖河，特别是含微温、被腐蚀或有机残渣的水面易于军团菌滋生。蒸发制冷塔系统的水箱是军团菌迅速繁殖的理想场所。

为防止和减少感染的危险，有人提出如下四项建议：

(1) 防止细菌在水中繁衍：提升温度到 60℃以上细菌就被杀死；而在 20℃以下细菌不活跃。细菌的存储期不应超过一天，并应最小化其水中营养链。另外，可用杀虫剂。

(2) 避免水雾霭逃逸泄漏出现场，因为细菌脱离水就不能存活。如果不能确保水全部蒸发，制冷塔应该在出口处用浮动净化器清理整治。

(3) 防止水雾接触人。

(4) 保护和警示敏感人群，特别是吸烟者、上了年纪的人以及患有其他病症者。

尽管无源直接蒸发制冷(PDEC)系统的特点使得对"军团病"十分敏感，精心施工和缜密维护可以做到满足所有健康标准。

6　吸入空气地下区域布管——地热制冷之一

6.1　利用地热资源制冷

人们早就知道：地下温度与环境气温相比变化缓慢，越到地下深处温度越稳定。这样一来，当抵达地下某一深度时温度就几乎不变。此处的恒定温度仅仅比当地年平均气温略微高出一点点。作为此现象的应用，土地可以颇具优势地在夏天司职热沉降，直接发挥制冷的潜能。其形式为：建筑物的围护结构直接与土壤接触(夏季半埋地下建筑)；通过水平布管的土壤-空气热交换器或者借助水平布管的土壤-水热交换器。

6.1.1　土壤温度

6.1.1.1　地下温度分布

鉴于土壤具高热惯性，地表温度的波动会比环境空气温度的波动有所衰减。随着深度的增加，温度的波动将会更小；地下温度波动与地表温度波动间的时滞也越大。图 6-1 记录了位于瑞士苏黎世一处不同深度土壤中的温度断面分布。显而易见，达到一定深度的地下温度，夏季比室外气温低；冬季较室外气温高。

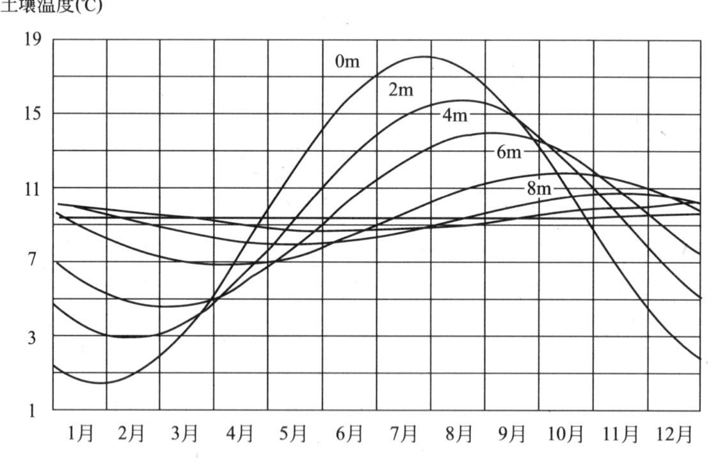

图 6-1　瑞士苏黎世在不同深度土壤的温度
(来源：ETH Zürich，1996)

6.1.1.2　地下温度数学模型

由于地下温度还与很多边界条件有关，提出完整的数学模型显然较为困难。Mihalakakou 等人依据能量平衡原理和利用神经元网络工具对地表温度进行了探索，并依此评估了地下温度。下面做一简单介绍。

作为结果，地表温度 T_{sf}用一个具有随季节的相移 $t_{\phi,sf}$，围绕年平均温度 $T_{sf\ mean}$的年振荡 ΔT_{sf}来描述，即：

$$T_{sf}(t)=T_{sf,mean}+\Delta T_{sf}\cdot\sin(2\pi\cdot(t-t_{\varphi,sf})/8760)$$

作为第二步，未经干扰的深度为 z 的地下温度 $T_{ground}(z, t)$可以由地表温度 T_{sf}计算出：

$$T_{ground}(z, t)=T_{sf,mean}+\Delta T_{sf}\cdot\sin(2\pi\cdot(t-t_{\varphi,sf})/8760-\chi)\cdot\exp(-\chi)$$

这里，$\chi=z\cdot\sqrt{\dfrac{\pi}{\alpha_{ground}\cdot 8760}}$，$\alpha_{ground}=\dfrac{\lambda}{\rho_c}$。

地下温度在相当程度上受土质参数的影响，这些参数包括：α_{ground}是土质的热扩散系数，综合表达导热性 λ 和热容 ρc。这里，λ 是导热系数，ρ 是密度，c 是比热。表 6-1 列出了常用的 ρc 和 λ 取值范围。

土质的热容 ρc 和导热系数 λ 取值范围 **表 6-1**

土质参数	单位	干砂	一般土壤	湿黏土
热容 ρc	$kJ/(m^3\cdot K)$	1400	1800－2400	2800
导热系数 λ	$W/(m\cdot K)$	0.7	1.4－1.9	2.9

注：上述参数基于热扩散的范围为：$(6\sim10)\times10^7 m^2/s$。

6.1.2 地热资源利用的分类

已有多种利用地热资源制冷的技术问世，它们分别适用于不同的建筑类型和气候条件。基于地热制冷利用环境能量这一自然资源，准确地分析微气候条件和建筑物周围土质显得不可或缺，以期评估地热资源制冷的潜力并最终决定究竟为建筑物选用哪种利用地热资源制冷的技术。

6.1.2.1 半埋建筑物

借助强化与土壤的直接接触，半埋建筑物大大增加了热惯性。因此，建筑物半埋能够做到：

(1) 摆平室外温度的起伏；

(2) 让室内夏天保持比外面更低的温度；

(3) 提供更小的热增益；

(4) 通风策略以夜间和凉快时通风为主。

半埋建筑物已经有很长的历史，它的设计取决于现场的条件和当地的经验，难以提供一种通用的建议，本章不拟详细论述。

6.1.2.2 地下区域水平布管通道网路系统

吸入空气地下区域水平布管的首要功能在于夏季室内制冷的温度预处理，如图 6-2(a)所示，外面新鲜空气经地下区域布管通道网路系统后导入通风设施。这里，土壤起到热量存储质量的功能，夏季得以平衡一天内的温度起伏。与盛夏的制冷功能相对应，严冬季节新鲜空气经地下区域布管通道网路系统后导入通风设施达到空气预热的效果［见 6-2(b)］。总之，地下区域布管通道系统的主要用途在于夏天，这是因为其在冬天的贡献由于废气热量回收的作用而相对降低。其在冬天的最大用途是以简单的方式确保废气热量回收器的防霜——司职无需耗费电能就能融化任何冰霜的除霜器。

地下水平布管通道系统(地热交换器)最适用的气候特点在于冬夏温差大，换句话说，昼夜温差大的地方，比如中欧地区。在热带地区应用地下布管通道系统的效率会大打折扣；而在严寒地区，夏天对制冷的要求本身就很低。

地下水平布管通道系统(地热交换器)将作为本章讨论的主要内容。

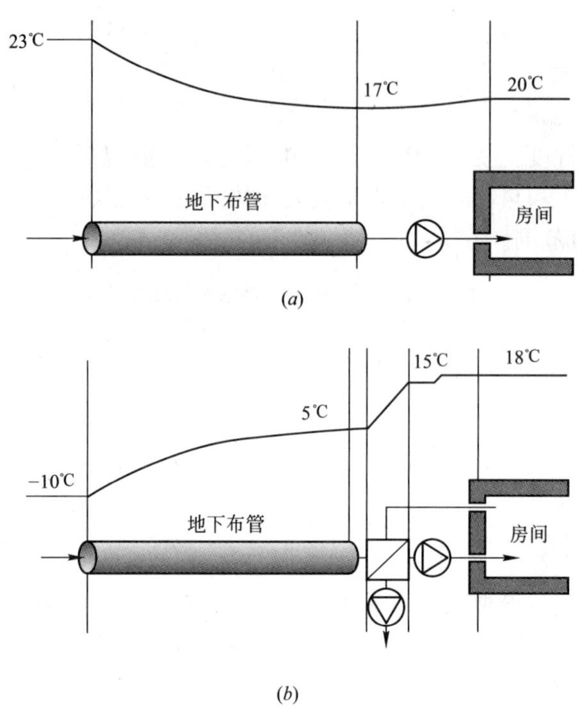

图 6-2 空气吸入地下布管通道系统的应用情形及温度分布

(a)夏天制冷；(b)冬天预热

6.1.2.3 垂直钻孔热交换器

垂直钻孔热交换器(Borehole Heat Exchangers，BHE)是由水驱动的利用地热资源制冷系统。BHE 可以垂直运行深达 100m。BHE 的工作原理、运行实践和制冷效果将在第 7 章予以详细论述。

6.2 地下区域布管通道系统分类

一般来说，地下布管通道系统即地热交换器特别适合于室内空气独立制冷，亦可作为附加室内制冷系统的补充。这是因为土壤仅仅将室外新鲜空气预先制冷，经预冷的空气还可以进一步被制冷；或者通过静止的冷却面积(诸如冷屋顶、建筑部件等)将室内的热量带出去。

作为在地下布管通道系统后面进一步被制冷的方法的可能选择是：

(1) 夜间自然通风；

(2) 夜间机械通风；

(3) 建筑部件制冷/冷屋顶。

6.2.1 按运行机制的分类

对于地下布管通道系统即地热交换器，按运行机制来分有如下三种方式：

(1) 舒适制冷；

(2) 房间制冷；

(3) 辅助制冷。

6.2.1.1 舒适制冷

在舒适制冷运行机制下，地下布管通道系统的安置仅以改善舒适度为目标，并没有涉及任何设定的制冷负荷指标。典型的应用如：仅带有较小内部负荷办公室建筑的源空气系统，或者带有机械通风的住宅建筑，前厅的外面空气调节系统。在这两个例子中，都仅涉及较小的空气流量(换气次数 0.5～$1h^{-1}$)。更重要的一点是：房间进气温度要比室内温度来得低。地下布管通道系统(地热交换器)可以简单地满足源空气系统这样一个重要的要求。地热交换器出口空气的温度本来就比室内温度低，这样一来，不再要求有另外的制冷设施制冷。当然，在室外气温特别高时，室内温度也会有所提高，但是此时地热交换器的效率最高。这是因为土壤温度和室外气温之差大的缘故。

新鲜空气经地热交换器总是有好处的。通风设施确定空气体积流量和时间。当室外气温低时，土壤温度需再生。这时候地热交换器出口空气的温度相对于变冷的室外气温稍高。这也绝对没什么问题。

6.2.1.2 房间制冷

在房间制冷运行机制下，地下布管通道系统的安置通过通风系统将房间的热负荷引至室外。为此，要求有大的空气流量。其制冷功率视室外气温以及地热交换器状态而定。此时，全天候运行会使地热交换器的制冷容量筋疲力尽。因此，不要将室内大的热负荷不停地导出。经验值为 30～50Wh/(m^2·d)，并且每小时最大换气次数<$2h^{-1}$。除此之外，只要室外气温低于 20℃(比如说夜间)，通过一个 BYPASS 直接吸入室外空气，同时将换气次数提升到 $4h^{-1}$。这种运行机制允许地下布管通道系统养生复原。

如果要将房间的热负荷引至室外并且由地下布管通道系统实现室内最高温度的控制，则地下布管通道系统必须尽可能地时常恢复养生。除了上述当室外气温低于 20℃通过一个 BYPASS 直接吸入室外空气以外，换气次数提升到 $4h^{-1}$。此时，地下布管通道系统仅起平复白天温度高峰的作用。

源空气系统(德：Quellluftsystem；英：Source air system)也可以称为源通风系统(德：Quelllüftungssystem；英：Source ventilation system)自上世纪八十年代起有日渐增长的应用趋势。

建筑物的通风和空调采用源空气系统可以重整替代通风(英：displacement ventilation)。源通风系统并非基于空气替代原理，而是基于房间内存在热源引发的自然空气对流；以气流无脉冲涌动、空气自热源由下向上、空气流速极低以及空气温度逐渐分层为标志。

相比较同属于舒适通风(Komfortlüftung)的混合通风(lnduktionslüftung)，源通风系统具有如下优点：

——高舒适度；

——非常小空气速度(≪0.2m/s)；

——高空气质量。

6.2.1.3　辅助制冷

地下布管通道系统的安置可以对现有制冷系统予以辅助支持。当地下布管通道系统与其他制冷系统相结合运行时，较大的热负荷能够完全被排除出去。这样一来，现有的制冷机可以在要求遮盖尖峰负荷时投入使用。然而，通常我们必须考虑：既不希望低的进气温度(舒适)，也不要求大的空气流量(要求高传输能量)。在冷负荷大时，最好将通风供气系统和制冷系统分开。借助地下布管通道系统可使房间既有足够的新鲜空气又不增加室内热负荷。与此同时，室内现存的热负荷将通过静止的冷却面积导出室外。比如，150～250Wh/(m^2.d)的热负荷可以借助水泥芯冷却得以成功排除。再高些的热负荷采用机械式制冷的冷屋顶也可应对。

在辅助制冷运行机制下，可以推荐地下布管通道系统长久运行。制冷功率的调控可由补充完备的制冷系统完成。地下布管通道系统的运行于温度尖峰时期予以平抑以及在外面相对凉爽时期恢复养生之间达致平衡。

6.2.1.4　三种运行机制的过程和功效

图 6-3 给出了空气吸入地下布管通道系统三种运行机制(舒适制冷、房间制冷和辅助制冷)过程和功效的梗概。此空气吸入地下布管通道系统的应用情形及温度分布位于瑞士苏黎世，单管铺设(直径为 200mm)长 30m，深 2.5m，空气流量为 250m^3/h。

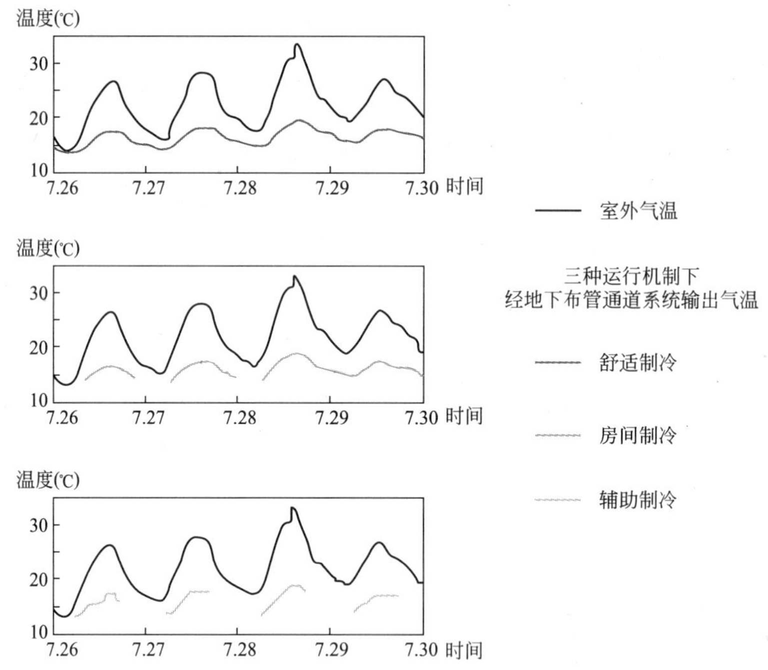

图 6-3　空气吸入地下布管通道系统三种运行机制(舒适制冷、房间制冷和辅助制冷)过程和功效的梗概
(来源：ETH Zürich，1996)

在空气吸入地下布管通道介入制冷系统的三种运行机制(舒适制冷、房间制冷和辅助制冷)中，舒适制冷情况下吸入地下布管通道的运行不予调控；房间制冷情况下吸入地下布管通道仅在室外气温高于 19℃时运行；辅助制冷情况下吸入地下布管通道的运行经主

制冷系统控制——每天 6：00～18：00 运行。

在空气吸入地下布管通道介入制冷系统的三种运行机制(舒适制冷、房间制冷和辅助制冷)的运行时间、年能量消耗等列在表 6-2 中。

空气吸入地下布管通道介入制冷系统的三种运行机制的运行时间和年能量消耗　　表 6-2

运行机制	年能耗(kWh)	运行时间(h)	从 25℃降温 [K]
舒适制冷	1138	8760	8.3
房间制冷	558	926	8.6
辅助制冷	873	438	9.3

6.2.2 按铺设方式分类

按铺设方式来分，地下布管通道系统有两个类型：

(1) 新鲜空气直接预热；

(2) 新鲜空气间接预热。

6.2.2.1 新鲜空气直接热交换

对于新鲜空气直接热交换地下布管通道系统可用直径为 150～200mm 的人工材料管或水泥管，埋于地下至少 1.5m 深，则地下土壤的热量可供利用(见图 6-4)。通风排气所用空气直接来自这些管子中预热。即便室外空气温度低至－15℃，进入中央通风系统空气温度亦可达 0～5℃。土壤热交换器管路应有一坡度，至少为 2%，即低端有排水可能。从长期可靠性出发保证凝结无损。直接预热地热交换器用管长度一般为 30～50m，应做一次性洗刷清洁。需要时可两列或多列并排。到目前为止，瑞士进行的多个项目证实，直接空气预热的经验是正面的：其进气管口加过滤器，去除灰尘、霉菌、有害物质。实验表明，可使新鲜空气没有细菌生长和病菌带来的危害。通常每三个月更换过滤器一次。

图 6-4　新鲜空气直接地下热交换布管

6.2.2.2 新鲜空气间接热交换

新鲜空气间接热交换启用一个位于地下土壤中，且充满盐水的热交换器。聚乙烯管道，对于一个独家住宅而言，埋于地下至少 1.5m 深，环绕住宅两圈约 100m 长；然后，充以盐水并和翻转泵、调节单元、膨胀皿相连。这些盐水将导入一个热交换器。在进入中央通风系统之前的新鲜空气在这里与之进行热交换。这种新鲜空气吸收从地热所赢热量可被预热到 0～5℃。

在夏日通风排气时应注意：窗户玻璃遮阳以减小太阳照射及热扩散；机械通风排气不用热量回收(经 Bypass 绕过回避)，但经地热交换器使新鲜空气预冷。

新鲜空气间接(盐水)热交换运行简图如图 6-5 所示。

至于地下区域布管通道铺设的布局介绍，请读者参阅本系列丛书第一册《无源房屋——能量效益最佳建筑》第 6.3.2 节“地热交换器铺设要点”。下面仅对系统铺设参数设置进行探讨。

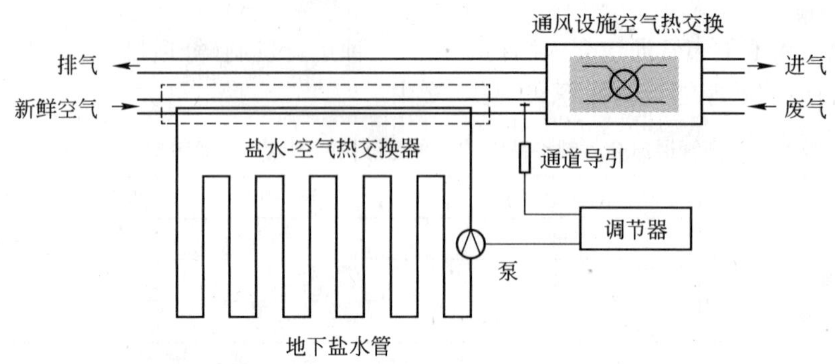

图 6-5 新鲜空气间接(盐水)热交换运行简图
(来源：www. villavent. de)

6.3 地下区域布管通道系统铺设参数

6.3.1 埋管深度

这里谈到的“地热”通常还是指太阳对土壤温度的直接影响，仅限于离地表 10～20m 之内，而不是地球形成时产生的余热或地球内部放射性物质衰变向地表的涌动。这种太阳对土壤温度的直接影响往往能造成地下土壤温度和外面空气温度差高达 20℃。

图 6-1 显示位于瑞士苏黎世不同深度土壤温度随季节的变化。显然，为了更有效热交换，地下布管通道系统应尽可能埋深些。然而，挖沟越深，土方工程越大，成本上升则是显而易见。

另外，土壤的潮湿度也会影响制冷的效果。表 6-3 列出了不同土壤的特性参数。应当保持对制冷效率的影响变化在±10%之内。

不同土壤特性　　表 6-3

土壤类型	导热系数 λ [W/(m·K)]	密度 ρ [kg/m³]	比热容 c [J/(kg·K)]	制冷效率(%)
潮泥土	1.50	1400	1400	100
干砂土	0.70	1500	920	90
潮砂土	1.88	1500	1200	98
潮黏土	1.45	1800	1340	104
湿黏土	2.90	1800	1590	105

6.3.2 布管长度和直径

布管长度和直径对制冷功率的影响如图 6-6 所示。达到 80%的理论可能产生的制冷功率(橘黄色线)就算一个理想地下布管通道系统。图 6-6 所示空气吸入地下布管通道系统位于瑞士苏黎世，深 2.5m，空气速度为 2m/s，潮泥土。

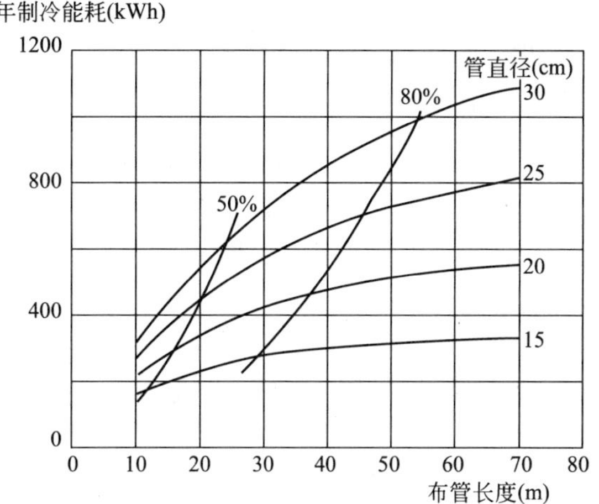

图 6-6　布管长度和直径对制冷功率的影响
(来源：ETH Zürich，1996)

6.3.3　布管系统大小的确定

安置地下管系统的尺寸大小取决于设计所要求的体积流量以及可以提供的空间。

对于小型的设施(比如住宅建筑)的舒适度改善，可以相对划算地建立。作为第一步，空气吸入地下布管通道系统的进气和出气量可以很简单地确定。

而较大的设施以及已经深至接近地下水层时，空气吸入地下布管通道系统的进气和出气量必须通过大面积铺设来实现，花费自然就高了。

空气吸入地下布管通道系统由所要求的空气流量来确定其规模。同时，由于压力损失的缘故，力图使空气流速达到 2m/s。通常采用直径为 200mm 的人造材料管，空气流量约 250m^3/h。更精确的值可由图 6-7 获得：最佳管长可以按照布管直径和要求的空气流速来确定。粗的管径往往在较长的管路才有意义。长管路容易导致膨胀移动，这一点需要予以考虑。

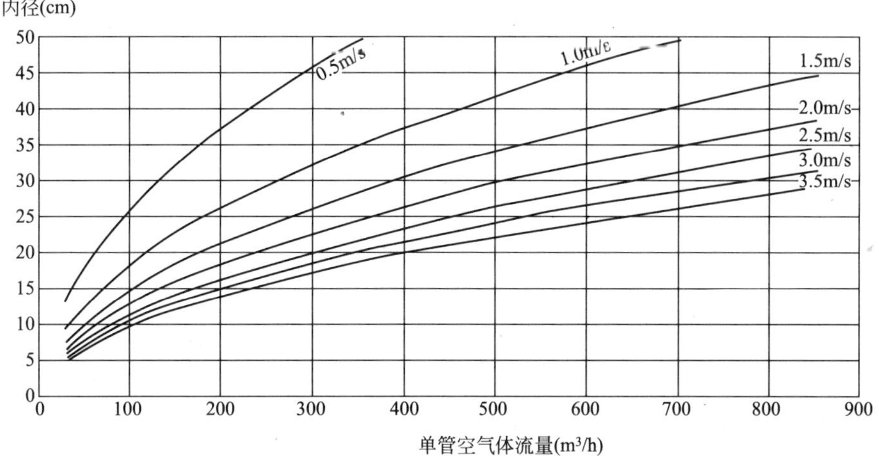

图 6-7　流经地下布管通道系统空气体流量的确定
(来源：M. Zimmermann)

6.4 地下区域布管通道系统铺设结构

当地下区域布管通道系统的铺设深度、尺寸、运行机制等确定以后，安装布局的一些结构性部件显得重要。

6.4.1 吸气口

地下布管通道系统的空气吸进口对于保证进气质量至关重要，其外观和结构如图6-8所示。除了灰尘以外，小动物、飞扬小物件也对吸进新鲜空气质量有影响。从地面升起的吸气管应防止土地表面各处都可溢出的氡气进入，减少汽车尾气凝结，以及降低吸入温度。另外，空气吸进口应当远离经常承受强阳光照射或铺有沥青的建筑表面。空气吸进口周围环境绿化有助于降低气温，但注意不要有异味。

(a)

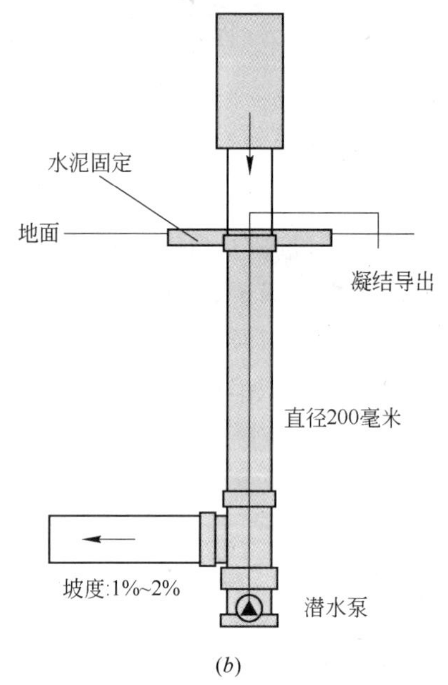

(b)

图6-8 地下布管通道系统空气吸进口
(来源：NILAN)
(a)外观；(b)结构

污染物可以一方面通过复杂的进气过程，另一方面借助密封安装的金属网来予以抵御。加过滤器应作经常性的维护保养。粗的和细的过滤器组合能将不挥发的空气异物如花粉、真菌或细菌有效地拒之门外。

6.4.2 地下布管通道分配和集中

地下布管通道系统的分配通道和汇总通道应当生成整个管路系统类似的压力，以确保管路输送相同量的空气(见图6-9)。

地下布管通道系统的分配通道和汇总通道应当允许少许蠕动，以期管路能被控制和必

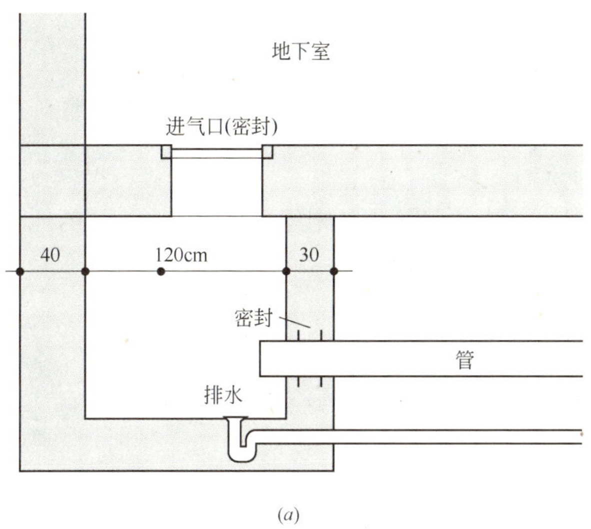

(a)

(b)

图 6-9 地下布管通道系统的分配通道和汇总通道
(来源：Basler & Hofmann)
(a)分配通道；(b)汇总通道

要时的清洗。

分配通道应有少许坡度，以便能将凝结水、渗透的地下水或清洗用水排出。

在建筑地下室安置的管路具有冬天预热、夏天预冷的优点。分配通道尽可能直接环绕建筑物和土壤。

因为大型地下布管通道系统相对较贵，一般办公室建筑仅采用 30m 长，以期减少花费。

6.4.3 土壤集热器

集装式地下布管通道系统又称土壤集热器，使安装更为方便，易机械化施工。例如，NILAN 压力管直径为 25mm，壁厚为 2.3mm，长度为 88m，架在 5m×2m×0.5m 的木架上，放进 3m 深、0.6m 宽的沟中。每元件可吸收功率为 700～1000W。图 6-10 所示为整体框架安装。

图 6-10 土壤集热器
(来源：NILAN)

6.5 地下区域布管通道系统运行

6.5.1 温度走向分析

(1) 地下温度——实验表明，可在 6.1.1.2 节中计算出的未经干扰的深度为 z 的地下温度 $T_{ground}(z, t)$不一定和实测地下温度相同。

(2) 空气温度 ——实验表明：

1) 在一天中，地下布管通道系统出口温度可以维持不变；

2) 地下布管通道系统进出口温差($T_{out}-T_{in}$)：当空气流量为 10000～11000m³/h 时，夏天可达到－14℃；冬天可达＋12℃；

3) 夏天和冬天均可每天产生 1K 的热疲劳。

6.5.2 环境温度和地下布管通道系统出口温度

图 6-11 描绘了环境温度和地下布管通道系统出口温度一年的走势。图中数据的每一点为 1h 内空气温度的平均值。从中可以清晰看出地下布管空气通道系统的工作原理。

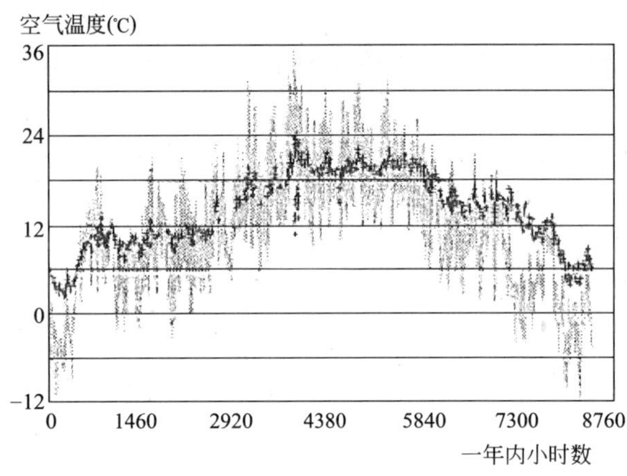

图 6-11 环境温度(灰色)和地下布管通道系统出口温度(黑色)一年的走势
(来源：Fraunhofer ISE)

6.5.3 地下布管通道系统三个工作区

图 6-12 给出了地下布管通道系统进出口温度关系以及三个区域划分：对于低能耗建筑，当地下布管通道系统进口温度低于 12℃时，启动地下布管通道系统，进入加热期；当地下布管通道系统进口温度高于 22℃时，启动地下布管通道系统，进入制冷期；而室外气温介于 12～22℃之间时，地下布管通道系统歇息。这样一来，有利于土地养生恢复。这也是推荐给调控系统的一个准则，分别如图 6-12 中加热期和制冷期的箭头所示。

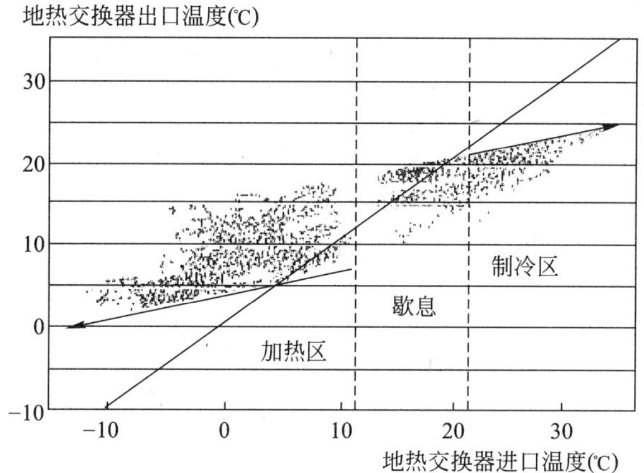

图 6-12 地下布管通道系统进出口温度关系及三个区域划分

(来源：Fraunhofer ISE)

6.5.4 地下布管通道系统的控制

如前所述，按照建筑物的制冷和采暖能量需求，在某一环境温度下，进入地下布管通道系统的空气或是被冷却或是被加热。然而，在偶然情况下，也会导致人们不想见到的夏天被加热或者冬天被制冷。这表明，对地下布管通道系统施以恰当的调控方略不可忽视——将对地下布管通道系统的温度特性产生重大影响：

(1) 没有控制的系统会产生相当大范围的无用加热和无用制冷；

(2) 开环控制操作简洁但是可能有年温度走向回滞，以及少量无用加热和无用制冷；

(3) 闭环控制避免了可能的年温度走向回滞，控制复杂，需逐步调整。

6.5.5 地下布管通道系统的能量效益

常用如下参数表达地下布管通道系统的能量效益：

1. 能量特征值

$$Q_{air}=v_{air}\cdot \rho c_{air}\cdot (T_{out}-T_{in})$$

式中 v_{air}——空气流速；

ρc_{air}——空气的体热容；

T_{out}和T_{in}——地下布管通道系统出口和进口空气温度。

2. 温度比

$$\theta=\frac{T_{in}-T_{out}}{T_{in}-T_{ground}}$$

式中 T_{out}和T_{in}——地下布管通道系统出口和进口空气温度；

T_{ground}——土壤温度。

3. 能量效益参数

$$COP=\frac{\sum t_{operation}(Q_{heat}-Q_{cool})}{\sum t_{operation}(\Delta P\cdot v)}$$

式中 ΔP——压力损失。

6.5.6 地下布管通道系统运行小结

(1) 对于地下布管通道系统：能量效益、土质参数与布管直径长度等参数一样重要。

(2) 要有足够的养生时间，以期确保地下布管通道系统能量效益。

(3) 闭环控制系统能改善地下布管通道系统能量效益，但控制软件要随时更正。开环控制系统工作更可靠。

(4) 和其他无源制冷技术组合，夏天可以替代有源机械空调制冷。

6.6 地下水/地下等效平衡制冷和采暖

本节介绍作为与吸入空气地下区域布管类似的地下水/地下等效平衡制冷和采暖。

6.6.1 一个替代空调系统的可行之路

带有制冷器的空调系统耗费大量电能；为使空间采暖，需要化石能源，这些矛盾日显突出。寻求替代之路迫在眉睫。

一个可供选择的替代方法是等价热能存储(Aquifer Thermal Energy Storage，ATES)法。

6.6.2 等价热能存储系统

等价热能存储(ATES)系统采用从一个地下井中抽出的地下水来使房间或工业过程制冷。一旦地下水吸收了建筑物内的热量，则可将其注入另一个热井返回地下，以备在冬季预热进入室内的新鲜空气。

两座钻井孔深度为 30～150m；井间距离为 100～150m。

在地下水不流动的地方，ATES 可将地下水作为存储的冷源和热源分别在夏季和冬季启用：在夏季，凉的地下水通过一热交换器冷却建筑的水系统，然后再而冷却空气处理单元的进入室内新鲜空气。地下水在接收建筑物内的热量之后，由经另一个“热井”重返地下。冬季，ATES 系统则反向运行。

图 6-13 给出了等容冷水/热水存储系统(ATES)简图。

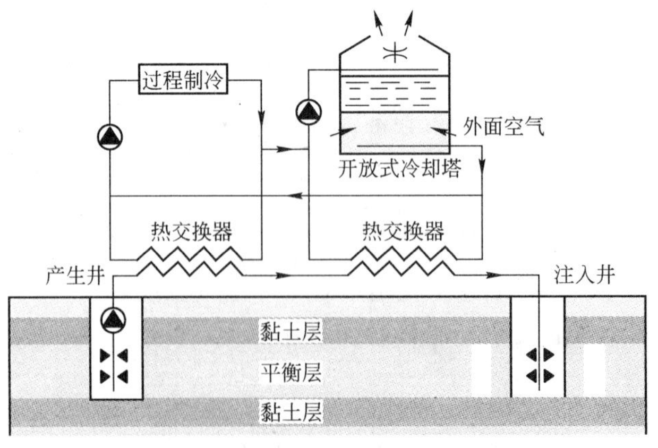

图 6-13 等容冷水/热水存储系统(ATES)简图

(来源：Courtesy of Caddet)

6.6.3 等价热能存储系统功效

和通常采用的空调系统相比，ATES系统可以节省60%～80%的能耗。另外，投资的见效时间短，一般来说，2～8年足以回收投资。

在地下水有流动的地方，ATES可将地下水作为热泵的热源或者热沉降用。热泵的工作原理与冰箱相似。在一个闭合循环中，热量承载液体(盐水)从土壤吸取热量。在一个第一期热交换中，盐水的热能交给蒸发器液态冷介质使之蒸发。一个压缩器增加了压力和温度，由此冷介质被泵至一个较高的能量水平。在一个第二期热交换(蒸发)中，将热量交给通风运行系统。通过膨胀阀门，最终压力降低并且循环重新开始。获得的可用热能对泵和压缩器的电能消耗之比被称为功率系数(COP)。当地热系统正确地进行尺寸定位时，热泵的功率系数可以达到≥4，也就是说，1Wh的电能产生4Wh的热能。相比较新型煤气暖气，其功率系数仅为1.02。

当然，由于涉及地下水系统，往往需经环境有关部门许可才可施工运行。

7 地热探针和能量柱桩——地热制冷之二

热激活建筑系统(Thermally Activated Building System，TABS)的出现成为建筑物制冷和采暖能量高效而且经济划算的新思路。它将建筑结构件集成进入建筑整体，作为其能量方略中的能量储存。这样一来，建筑部件诸如结构板、楼板被开发成通过辐射和对流或从空间吸热制冷；或借助释放所存储的能量来加热空间(详细叙述见第 8 章)。

底层深处(到 100m 深)的几乎恒定的温度特别利于应用在上述热激活建筑系统(TABS)：

在夏天，冷水可以直接用于热激活建筑系统(TABS)制冷的热沉降；

在冬天，热水可以用作热泵的热源。

地热探针和能量柱桩是利用土壤作为季节热量存储器的两种手段。

7.1 地热探针和能量柱桩(钻孔热交换器)

利用土壤作为季节热量存储器可通过钻孔热交换器(Borehole Heat Exchanger，BHE)，包括地热探针和能量柱桩两种手段实现，如图 7-1 所示。

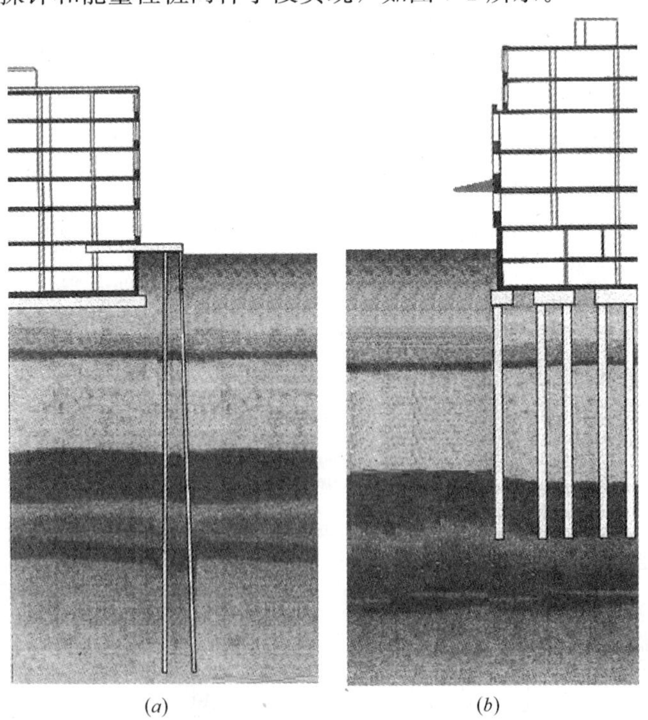

图 7-1 地热探针和能量柱桩
(a)地热探针；(b)能量柱桩

地热探针往往经地源热泵用于冬季采暖预热或夏日制冷，常深至 70～150m。能量柱桩作为建筑基础用，于地层 20～30m 深。能量柱桩在冬天的使用要确保无霜冻。

利用地热探针和能量柱桩两种手段，夏季将土壤作为冷存储器的利用效果很明显。然而，至关重要的一点是保证冷存储器的养生。

7.2 地层温度

正如在 6.4.1 节所述，离地表 10m 之内的温度随季节变化尚可察觉。再深的地下，地层温度则可以视为常量即一年四季保持不变。

图 7-2 描绘了春、夏、秋、冬四个典型天：春天(4 月 22 日，绿色)、夏天(7 月 23 日，红色)、秋天(10 月 22 日，棕色)、冬天(1 月 21 日，蓝色)的不同深度地层温度的变化情况。

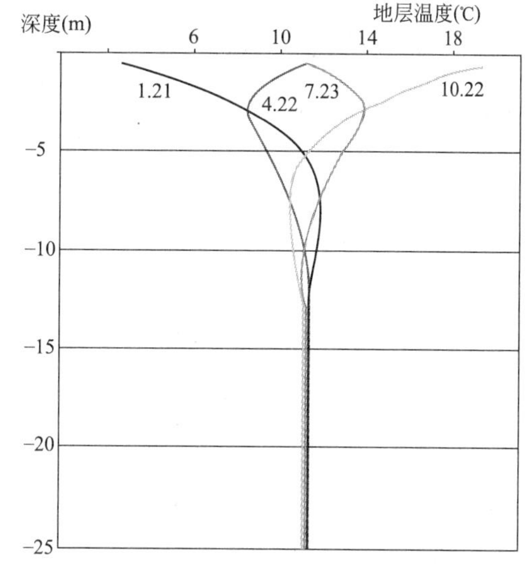

图 7-2 地层温度的变化情况

冬天(1 月 21 日，蓝色)、春天(4 月 22 日，绿色)、夏天(7 月 23 日，红色)、秋天(10 月 22 日，棕色)

在郊外空旷地，离地表 10m 深的地层温度会比当地年平均气温高 1℃。在城市中心，离地表 10m 深的地层温度会比当地年平均气温高 2℃；而在地面积雪离地表 10m 深的地层温度会比当地年平均气温高 4℃。图 7-3 展示了在瑞士苏黎世、巴赛尔和达沃斯测量的地层温度分布。

钻孔深度(m)	郊外空地	市中心	雪地
0	9.5	9.5	3.2 $t_{空气}$(℃)
-25	11.3	12.5	8.0
-50	12.0	13.5	8.7
-75	12.8	14.5	9.5
-100	13.5	15.5	10.2
-125	14.3	16.5	11.0
-150	15.0	17.5	11.7
-175	15.8	18.5	12.5
-200	16.5	19.5	13.2

图 7-3 在瑞士苏黎世、巴赛尔和达沃斯测量的地层温度

(来源：SIA)

从图 7-3 还可以看出，深度每增加 100m，地层温度会有 2.5～4℃的温升。

从利用地热探针的角度考虑，若主要用于夏季制冷，探针似稍短——50～100m 深；若主要用于冬季采暖，探针将更长——100～200m 深。

正如第 6 章所述，不同的土质有不同的导热系数。地热探针主要用于 molasse 地层。“molasse”一词(磨砾层)涉及砂岩、页岩和砾岩在陆地或浅海层形成隆起山脉的沉积层。而在冰川沉积和纯石灰层钻孔(干砂砾、洞穴)要特别小心。一般来说，这种地层不适宜装地热探针。在中欧，molasse 地层装地热探针，导热系数大部分为 2.2～2.5W/(m・K)。装地热探针在钻孔和探针管之间的回填料一般为 Betonit——一种丙烯酸增塑剂，其导热系数仅为 0.8W/(m・K)。图 7-4 展示了年热量收支没有加补偿时土层导热系数对源温度的影响。从此图可以清晰地看出：低导热系数会导致源温度明显升高，不利于制冷。

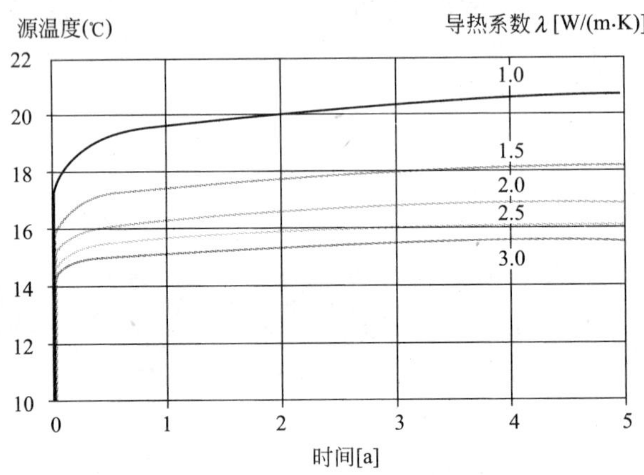

图 7-4 年热量收支没有补偿时土层导热系数对源温度的影响

(来源：M. Zimmermann)

注：过剩热量为 10W/m，单地热探针管 80m，探针流量为 0.3kg/s，钻孔直径为 12cm，钻孔热阻为 0.1(m・K)/W，未受干扰的 40m 深处土壤温度为 11.9 [℃]。

当存有特殊情况发生，如川流不息的地下水或者巨大建筑物坐落土地之上进行人工加热时，必须予以考虑。

显然，流淌的地下水可以提供一个划算的制冷能源，这是因为它提升了制冷系统的功效。地下水的流向和流速必须经水文地质部门仔细鉴定。实际地下水的流速往往比最初估计的小许多。如果地下水的流速大于每天 0.5m，必须确保每日以及季节的土地养生才行。小的地下水流速或许仅靠每年土地养生即可。

巨大建筑物坐落在土地之上形成人工加热亦必须予以考虑，因为这将会对夏季制冷有负面影响。

为保持系统常年一贯功效，首先，在能量柱桩设计中必须达致能量提取和能量存储间的平衡。因为制冷能量要求更为苛刻而且比采暖能量更昂贵。一般来说，应当注意：冬季从土壤中提取的热量大于夏季在其存储的热量。

7.3 地热探针和能量柱桩的设计

7.3.1 设计考虑要素

设计地热探针和能量柱桩应主要考虑如下因素：

(1) 纳入建房技术的概念之中；

(2) 为提供相应制冷功率所需能量柱桩长度；

(3) 冬季土层回冷率；

(4) 土层的热学特性；

(5) 能量柱桩间的距离。

7.3.2 融入建房技术系统

鉴于这里主要讨论夏季制冷的设施，系统的功效取决于建筑物中的热量如何以及在什么温度水平被排出到外面。

理想的做法是建筑制冷仅仅部分依靠通风；其余部分通过建筑部件制冷来进行，图 7-5 给出了这样的一个组合。建筑部件制冷不仅对避免尖峰热负荷贡献突出，而且比起通风能较短时期内导出更多热量。

若冬季采暖不用热泵，整个循环可以借助水来运行。然而必须注意：要确保在冷天无霜冻。为此，通风这部分应导入“水-乙二醇”循环介质，通过三通阀门来禁止热交换器处结冰。

如果采用能量柱桩，应当注意确保基础不结霜。

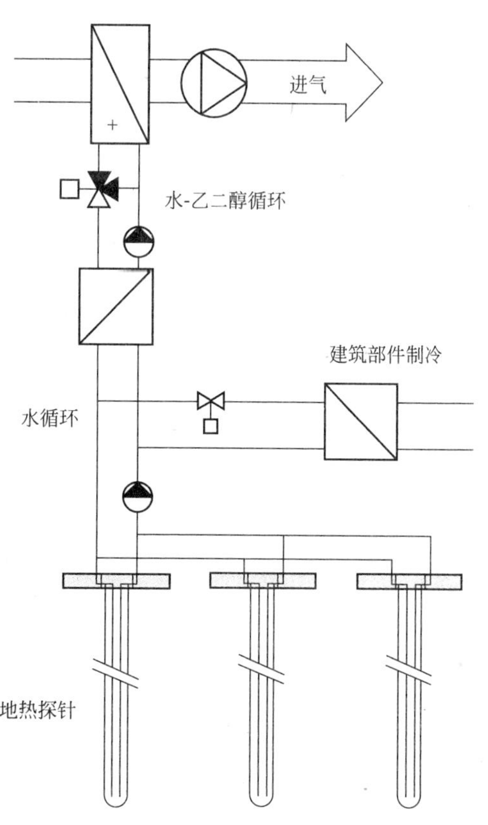

图 7-5 地热探针与建房技术系统的组合

7.3.3 水或水-乙二醇循环

相对“水-乙二醇”循环而言，水循环有很多优点：

(1) 传热效果更佳，小流量时即出现涡流；

(2) 同样的流量所需泵功率小；

(3) 没有由地层泄漏引发的危险；

(4) 花费低。

因此，仅在设施必须在霜冻区工作时才推荐采用水-乙二醇循环，如热泵的运行。

7.3.4 制冷功率

制冷功率不仅要考虑土地作为热量存储

器的功率效能，还要顾及前面提到的建筑物自身的制冷系统。

土地作为热量存储器的功率效能首先应当问：是否有流淌的地下水可资利用。如是，土地的养生则必须每日进行。此时，可提供的制冷和采暖功率才能发挥最大功效。然而，当地下水流速在大部分情况下很小时(每天几厘米)，每日养生似嫌不足。因此，要想利用流淌地下水的功能，首先要确认地下水流速大于 0.5m/d。土壤作为热量存储器，无论以地下水还是干土壤为媒介都有热量(冷量)储存与卸载的过程。这更对地热探针设施影响颇大，而对能量柱桩而言影响相对较小，因为能量柱桩总有热量进出。

大体上，夏季存储的热量冬季再取走，这种平衡应当至少几年内保持。为更可靠地防止土壤深层渐渐变热，冬季从土层提取的热量比夏季引入的热量多 10%～20%为好。

7.3.5 当制冷功率超过采暖功率会使土层变热

图 7-6 显示一个随着每年过多存储热量的增加引起源温度升高的例子。

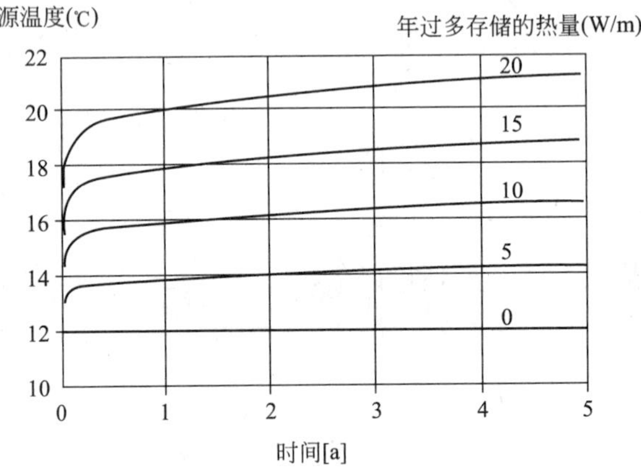

图 7-6 随着每年过多存储热量的增加引起源温度升高

(来源：M. Zimmermann)

注：单地热探针管 80m，探针流量为 0.3kg/s，钻孔直径为 12cm，钻孔热阻为 0.1m·K/W，未受干扰的 40m 深处土壤温度为 11.9℃。

另外，短时间尖峰冷负荷也会造成季节性土壤温度升高。这种短时间尖峰冷负荷导致的土壤温度不稳定对于地热探针而言，仅发生在探针附近区域，所以并非特别严重。

例如，对于地热探针而言经历 4 个月 10W/m 冷功率的付出后，土层温度为 16℃；而仅 10 天 20W/m 冷功率的付出后，土层温度为 19℃，即 3℃的附加温升。当然，为避免如此，可以增加地热探针长度。此外，经验表明，拉近两个能量柱桩间距，比如安排两个能量柱桩间距为 8m，可以减少短时间尖峰冷负荷造成季节性土壤温度升高，两能量柱桩间的相互影响可以忽略不计。

7.3.6 典型设计特性参数

(1) 平均制冷功率：20～30W/m(地热探针)；

(2) 热/冷存储：60～80kWh/(m·a)；

(3) 夏天最高提取温度：20℃；

(4) 冬天最低提取温度：2℃；
(5) 对于 100～150m 地热探针，通风量为 1000m^3/h。

7.4 地热探针和能量柱桩结构设计提示

7.4.1 地热探针结构

地热探针实际上由人造材料 HDPE(高密度聚乙烯塑料，结实且易焊接)制双管路组成，如图 7-7 所示。这种结构可以更好地将 Betonit(一种丙烯酸增塑剂)、水泥、水的混合物填实钻孔内管间空隙，以确保导水管壁和钻孔壁不至于滑脱而造成接触少导热差。

一般采用导水管直径为 32mm，而 100m 深的地热探针导水管直径为 40mm。相应于一般导水管直径为 32mm 的钻孔直径为 120mm；地热探针导水管直径为 40mm 时，相应地采用钻孔直径为 135mm。对于 120m 深钻孔，一般需用钻孔机械工作一天，产生约 3m^3 需运走的泥浆。

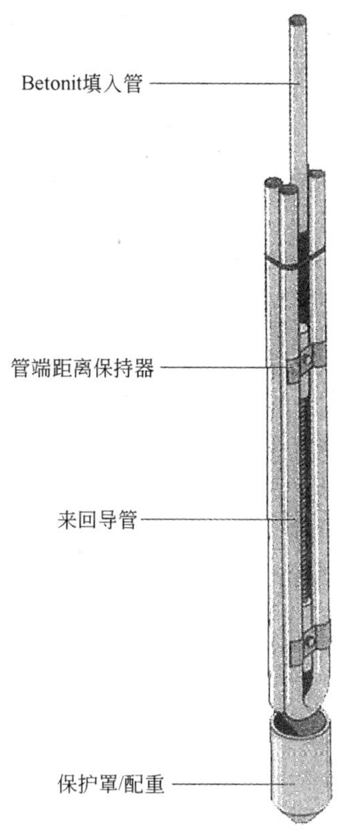

图 7-7 双管路 HDPE 地热探针
(来源：Grundag-Duplex-Sonde)

7.4.2 能量柱桩结构

对于能量柱桩的结构，它与地热探针结构有明显的区别：地热探针是不能被沉放入一个事先做好的井孔口之中的。

即地完成的基础柱桩时，就有管路放入加固框架中固定并且沉放入井孔口之中。也就是说，只要加固框架沉降到一建筑件中，就可以进行导水管的预安装。困难的是当加固一个长能量柱桩时，管路必须分几段进行沉降。这需要将放入第一个框架的导水管，再放入下一个加固框架中。现场一次完工，中间不要焊接。

当然，最好采用预制打夯柱桩，此时导管已经事先安装妥当。但是，此时问题转到打桩的过程：足够的预防措施应当确保导管连接不会因打桩受损。

一般情况下，在柱桩中放入导管应当有些自由空间。导管越多，则承受尖锋冷功率的能力越强，然而平均功率效能的增长却受到限制。

7.4.3 结构与系统的结合

地热探针导管要在足够深度(结霜区域之外)处连接到建筑物的一个探针导管分配器。每一个循环均应当装备有一个截流阀。一个探针导管分配器的位置要求大约为 40cm＋每探针导管 15cm。

从探针导管分配器进一步连接到热交换器，以达到通风，若有的话连接建筑部件制冷或者热泵，详见图 7-5。通风处应导入“水-乙二醇”循环介质，通过三通阀门来禁止热交换器处结冰。这显得特别重要，因为外面空气直接从地热盘管吸入，然后才从废气中回收热量。

平板型热交换器体量较大，以期达到高热交换率。花费问题在此可以不作考虑。

在多支地热探针于一块场地，单个探针管彼此之间会相互影响。一个并非明文规定：探针间距取探针深度的 10%。如是，年热量均衡时，单个探针管会彼此之间并无明显区别。当然，实际上探针间距的确定还在于多种因素的妥协与平衡。

7.4.4 地热探针内流量范围

地热探针的制冷功效是和源温度与反循环回水温度之差、盐水的比热容以及提供的流量成正比的。因为地热探针循环回水温度与被冷却介质(进气或建筑物中的冷循环)的温度相比并不算高。一般来说，依据这些条件可以在规程中给出一个地热探针内最小的流量。这样一来，当地热探针内流动性的提高却降低了在地热探针循环的回水温度，而同时提高了源温度，这是由于地热探针内流体在管内滞留时间降低的缘故。因此，只能在很有限的范围内提高地热探针内流动性得以提升地热探针的制冷功效。然而，这是以投入相当大的泵功率为代价的。如果地热探针运行功率小，较长地热探针和更高地热探针内流动性是不可能达到的。

地热探针一个单循环的体流量，m(kg/s)可以表达为：

$$m=\frac{q\cdot h}{C_{\mathrm{p}}\cdot\Delta T}$$

式中 q——单位地热探针长度制冷功率，W/m；

h——地热探针长度，m；

C_{p}——盐水比热容，kJ/(kg·K)；

ΔT——热交换器处温度差，K。

7.4.5 施工提示

(1) 在建筑部件上焊接(探针管和分配器之间)的同时也应机械上固定；

(2) 每一探针管路可以单独截流；

(3) 将填充管伸到底部，用以填充 Betonit(一种丙烯酸增塑剂)、水泥、水的混合物填实钻孔内管间空隙。混合物配方比例为：100kg Betonit/200kg 水泥/880L 水；

(4) 探针管以高压水试压；

(5) 探针管孔要确保对高压水密封完好。

7.5 热响应测试

了解热特性是设计钻孔热交换器(BHE)(包括地热探针和能量柱桩)的关键。对于小的设计项目(如居民房)，热参数通常是估计的。然而，对于大的项目，热传导等参数必须经过现场测量。为此，一个很有用的工具就是热响应测试(Thermal Response Test，TRT)。TRT 是在一个开拓钻孔(pilotborehole，以后作为孔场的一部分)中进行的。BHE

的热动力学模型就是根据 TRT 结果导出的。

7.5.1 热响应测试基本原理和装备

为了做热响应测试，需将一热负荷置入开拓钻孔(pilotborehole)之中，然后测量引起的循环流体温度变化。从 20 世纪 90 年代起，TRT 开始应用，越来越普及。现今，TRT 已经成为很多国家设计大型 BHE 项目的常规测试手段。根据可靠的地下热动力学数据，得以确定钻孔规模大小。

图 7-8 展示热响应测试基本原理简图和移动 TRT 测试设备。

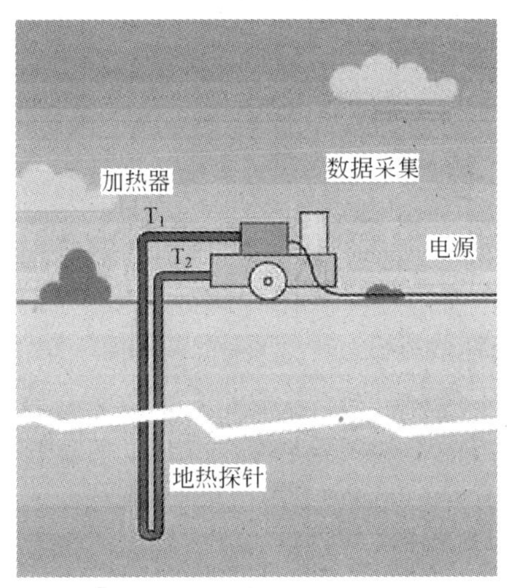

(*a*)

(*b*)

图 7-8 热响应测试基本原理简图和移动 TRT 测试设备
(来源：UbeG GbR)
(*a*)基本原理简图；(*b*)移动 TRT 测试设备

TRT 是明确地下有效导热性能的方法。与此同时，还可以决定钻孔热阻和钻孔填充材料的热传导。进而能够得到一个温度曲线，通过不同的方法进行评估。引起的热传导反映了地下总体热传导，当然热对流和干扰也会包括在内，它可以被称为“有效热传导”。

对于移动 TRT 测试设备，测试仪器可以方便地被运抵现场。

7.5.2 热响应测试实践

要想得到好的 TRT 结果，测试时必须做到以下两点：

(1) 正确地设置系统；

(2) 避免外界环境干扰。

为了做到这些，加热地层比冷却(借助热泵)地层更为妥当。然而，即便采用电阻加热，网格电压的波动也会导致注入地层热功率的起伏。

天气的影响是另一个引发结果偏差的原因。它会经测试钻杆和 BHE 之间的连接管线，引起的钻杆内部温度，并且有时会影响 BHE 地下的偏上部分。

为减少对测试钻杆和 BHE 之间的连接管线的影响，连接管线要有厚的隔热层。另外，雨水也会引发温度变化。较长的测试时间可以将这些影响在统计学层面上进行修正，以期得到更可信赖的评估。

7.5.3 热响应测试历时和简单模型对热响应测试结果评估

随着 TRT 日益增加的商业用途，采用比国际能源局(International Energy Agency, IEA)的推荐值更短的测试周期的要求(特别在美国)日增。当然也有人对此提出反对：有人推荐 12h 以防止钻杆过夜。然而，测试要达到稳态，尚存在物理界限：测试开始几个小时的数据主要由钻孔填充材料而不是由土层来决定的。在德国，有人提出最短测试历时 t_b 的概念：

$$t_b = \frac{5R^2}{\alpha}$$

式中 R——钻孔直径，m；

α——热扩散，$\alpha = \frac{\lambda}{\rho c}$，用估计值，$m^2/s$。

断层复核应被推荐：做完第一轮评估后，重新估算最短测试历时 t_b。

根据标准线源原理(standard-line source theory)，Eklöf 和 Gehlin 提出另一评估公式：

$$k = \frac{Q}{4\pi H \lambda_{eff}}$$

式中 k——测得温度曲线相对于对数时间轴的斜率，K/lns；

Q——热注入/抽取，J；

H——钻孔热交换器的长度，m；

λ_{eff}——有效导热系数，W/(m·K)，用测得温度标准线可用上式算出 λ_{eff}。

尚有更复杂的数学模型被提出，此处不再介绍。

7.5.4 热响应测试和地下水流

对 TRT 测量影响最大的可算地下水流，如遇地下水流则测得数据全不能用。有数据串步进式评估方法看有否上下跳跃来判断是否遇到地下水流。

7.5.5 热响应测试小结

(1) 已经是为 BHE 设计而研究地下热参数的常规测试，实践证明可靠。

(2) TRT 要求：

1) 数据读取可靠；

2) 努力尽责地进行设备安装和精心操作；

3) 足够长的测试时间。

(3) 基于标准线源原理对 TRT 结果的评估一般情况下足够可靠。必要时，采用数据串步进式评估方法进行复核。

(4) 数据处理能提供更多信息。

目前尚存在应改进地方：

(1)“快，干”测试，对于 BHE 的场建，及运行期间的常规测试。“快，干”测试为小型居民房设计服务。

(2) 更复杂的测试以期获得更多信息。

7.6 钻孔热交换器总结

地热探针和能量柱桩是利用地热资源进行采暖和制冷的，从经济上相对来说较划算的两种手段。然而，当没有可以期待的地下水流淌时，仔细地估量和计划地热资源的纳入和损失之间的平衡显得十分重要。这些不仅可以利用计算机模拟的结果，更在于已经实现的设施的经验。

除了能量观点考虑以外，能量柱桩尚有建设技术方面的问题，特别是在现场水泥浇灌的施工中，还有在新开垦的处女地的施工问题。很多施工单位并没有经验：如何放置管路以及避免施工质量问题并且与建筑施工同步协调都需要全盘考虑。相应的规范的制定亦是不容忽视的。

地热探针和能量柱桩也称为钻孔热交换器(Borehole Heat Exchanger，BHE)成为德国近年来主要低能耗制冷的制冷源：1/3 的新建办公室建筑物采用地下水或 BHE 在夏季制冷。

在设计期间，热响应(TRT)测试是非常重要的一步，因为它提供了设计所需的重要参数。

实践表明，BHE 是很有效的所谓“混合式”(Hybrid)制冷系统，系统运行良好而且压力损失小。

中欧地区典型的 BHE 比热功率可大于 50W/m；每年制冷和采暖能量总增益可达 30kWh/(m·a)。

8 建筑部件制冷

8.1 建筑部件制冷概述

如第 7 章所述：热激活建筑系统(Thermally Activated Building System，TABS)的出现成为建筑物制冷和采暖的能量高效而且经济划算的新路。它将建筑结构件集成进入建筑整体，作为其能量策略中的能量储存。这样一来，建筑部件诸如结构板、楼板被开发成通过辐射和对流或从空间吸热制冷；或借助释放所存储的能量来加热空间。建筑部件制冷指的是利用建筑存储体块来使得房间制冷。采用建筑部件制冷时，那些由人员、设备和太阳光照射产生的热负荷并不是立即被强力排出，而是暂时在建筑体块中存储起来。

建筑部件的热存储特别适合于大型水泥盖板体块。这种大型水泥盖板可以在白天吸纳热量并经内置管道系统迟滞排出。借助其巨大的表面积和承载能力，大型水泥盖板可以平衡或抑制室内温度波动。

热性能活跃的大型水泥盖板不仅能用于夏季制冷，还可以不同程度地介入冬季采暖。因为大体量建筑部件的温度难以调控，这里，较深度的预过程温度自调节则可被充分利用。然而，此举的一个前提条件在于：通过一个良好的建筑物隔热围护壳体使得水泥盖板能够保持很小的热量损失。

具有良好建筑物隔热围护壳体的现代建筑可以提供上述得以采暖和制冷的前提条件。而相比较现有的建筑部件存储体块，很明显，存储块的热量流很小。如若采用接近室温下操作的低温系统，显然可以利用这种自调节效果。这样一来，不仅简化了安装，而且能够更好地利用低温热和自然制冷。

图 8-1 给出了一个热性能活跃(TABS)的大型水泥盖板系统原理简图。

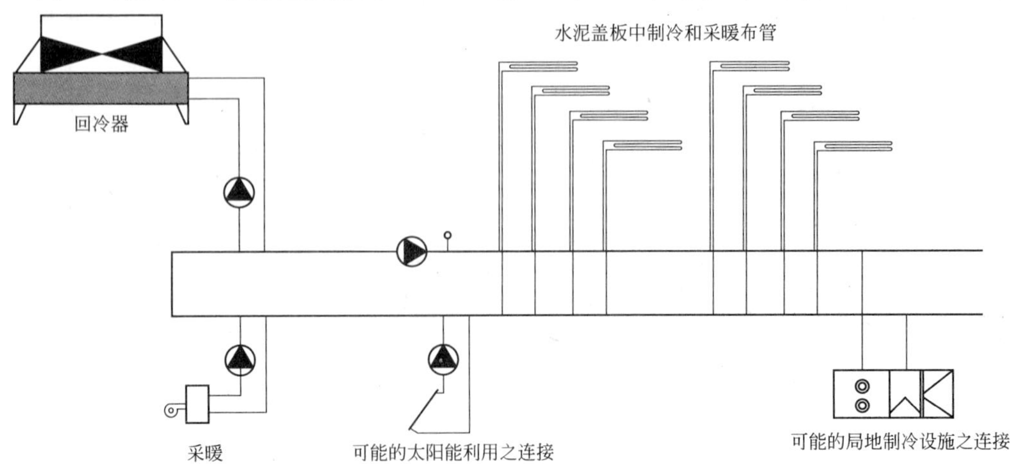

图 8-1 热性能活跃(TABS)的大型水泥盖板系统原理简图

这样的项目在德国和瑞士等国均获成功经验。图 8-2 给出了一个热性能活跃的建筑部件系统简图(依据 BATISO 的方案作为案例)。

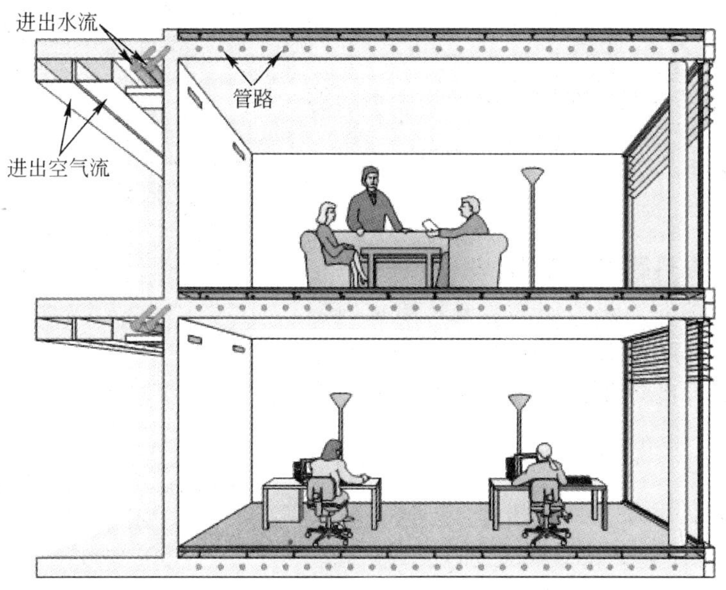

图 8-2 热性能活跃的建筑部件系统简图
(来源：BATISO)

8.2 建筑部件制冷系统

8.2.1 系统综述

建筑部件制冷的概念基于如下 5 个重要元素：

(1) 具有良好的建筑物隔热围护壳体，保持低外部热负荷，并且实现完善的遮阳保护；

(2) 适度节制的内部热负荷，尖峰功率小于 30W/m^2；

(3) 具有一个确保空气质量的并且带有热量回收的受控通风；

(4) 带有制冷布管(也作为采暖布管)的无遮挡水泥盖板；

(5) 通过利用地下水或小型制冷机运行的屋顶热交换器具有回冷的可能。

当然，建筑部件制冷技术首先用于新建筑，因为带有制冷布管同时也作为采暖布管的水泥盖板此时可以最佳地予以安排铺放。大约 2/3 的热能经盖板下方热交换，其余的保存在水泥盖板之中。这一热量分配格局使得无论夏季制冷还是冬季采暖均能确保室内的舒适度。

建筑部件制冷技术也可以用于建筑物更新改造方案构思：制冷布管的铺设或者如同地板采暖一样；或者干脆放在屋顶顶棚下层。其功效的区别并不明显，因为只要二者表面温度差一旦建立，地板和屋顶顶棚间的热交换立即启动。图 8-3 给出了这样的热性能活跃建筑部件系统安置原理简图。

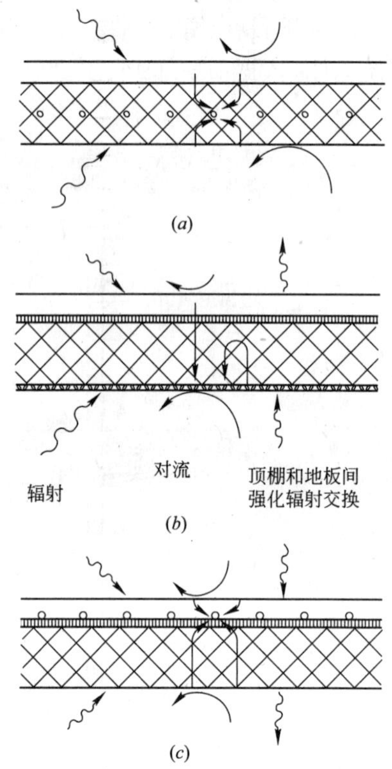

图 8-3 热性能活跃建筑部件系统安置原理简图

(来源：M. Zimmermann)

(a)水泥芯核制冷；(b)屋顶盖板下毛细管制冷；(c)地板制冷

8.2.2 热性能活跃建筑部件

热源和建筑部件间的能量传递有两种不同的传递机制：

(1) 热辐射；

(2) 对流。

辐射热交换在热源和建筑部件表面间进行。与此相反，从热源的对流热传递却首先传给室内空气，然后再一次通过对流方式传到建筑部件。热负荷的对流部分同样也会直接影响到室内空气温度。

8.2.3 建筑部件热存储

鉴于建筑部件体块的高比热容，即便是较大的热负荷也只能使建筑部件体块加热升温非常小。比如，220Wh/m^2 的热负荷仅能加热 30cm 厚的屋顶水泥盖板升温 1K。同样，当过夜时，所存储的热量也不能一次性全部释放出来。在以后多少天，亦不会有任何明显变化。图 8-4 示出一天为周期的典型室内空气、建筑部件表面以及水温变化。

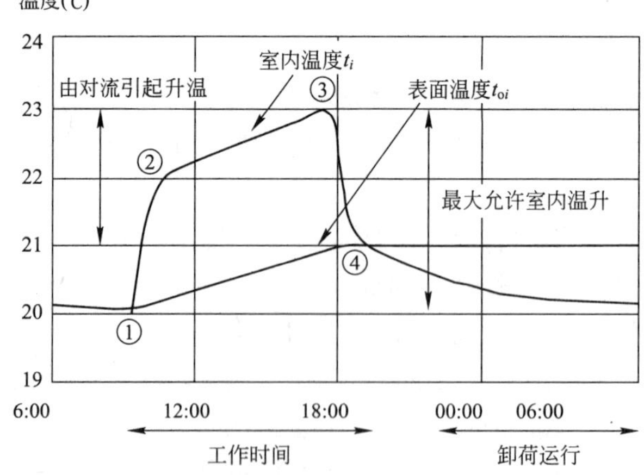

图 8-4 一天为周期的典型室内空气、建筑部件表面以及水温变化

(来源：M. Zimmermann)

8.3 建筑部件制冷系统的运行

8.3.1 对流热传递通道

由于空气自身热存储能力很小以及能够达到水平建筑部件的对流热传递少：仅 1.5～2.5W/(m^2·K)，已经很小的热流却导致室内空气和建筑部件表面温度差的迅速提升：一个约 20W/m^2 的内部对流热负荷在短短时间内足以使室内空气温度上升 4K，见图 8-4 中点①到点②的过渡。

令人舒适的、从清晨至傍晚的、可能的温度提高(见图 8-4 中点①到点③的过渡)的大部分则通过这对流温度跃升而“耗尽”。因此，所允许的建筑部件最大加热和可资利用的存储功能均受到限制。

两件事很重要：第一，建筑部件表面积大小；第二，存储体块的规范。除此之外，夜间水泥盖板的冷却并非系统功效的决定因素。由此看来，清晨房间并不一定要冷却下来低至 20℃；房间和水泥盖板间的温度差的大约 2/3 将通过对流温度跳跃而被“消费”掉。

8.3.2 通过辐射热传递

另一种热传递是通过辐射进行。经辐射的热交换没有温度跳跃，因此，比起对流热传递，更迅速、更高效。两块温度差为 1K 的面积间产生的热流约 5W/m^2。所以，经辐射的热交换占大部分时热量较容易导出。表 8-1 给出了一些热源的对流热传递和辐射的热交换的比例的倾向值。

一些热源的对流热传递和辐射的热交换的比例的倾向值(%)　　表 8-1

	对流热传递	辐射的热交换		对流热传递	辐射的热交换
办公室设施(带风扇)	10	90	人员	60	40
办公室设施(无风扇)	20	80	日照	90	10
照明	50	50			

(来源：M. Zimmermann)

8.3.3 热负荷与热卸载

对于建筑部件存储器负荷的决定性因素在于其最大热负荷(尖峰热负荷)，单位为 W/m^2。

每天导出的热量，其单位为 Wh/(m^2·d)，是建筑部件存储器卸载的重要参数。

未经任何覆盖的水泥楼板可以为这种热交换提供最佳先决条件。即便结构并非最佳的建筑部件，地板和屋面板间仍会形成某种辐射式热交换，正如图 8-3 所示的那样。

图 8-5 展示出一热性能活跃建筑部件的行为：当 8h 内建筑部件热量流尽可能保持恒定时，最大每日室内温升；即图 8-4 中点①到点③的过渡。图 8-5 展示的线，随对流在建筑部件热量流所占比例而不同。比如说，对流热传递 25%，则辐射的热交换为 75%，相当于有强烈太阳光辐射时的情景。

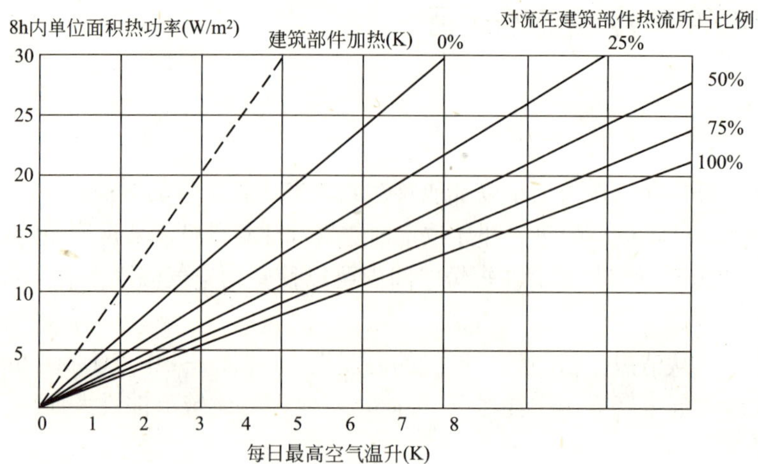

图 8-5 厚度为 30cm 的水泥结构件的热性能数据图

(来源：M. Zimmermann)

注：保持每平方米封闭面积允许热量流，地板无铺盖物顶板无隔热层，热源 8h 运行，制冷仅在运行时间之外。

图 8-6 展示了一办公室建筑应用建筑部件制冷技术的明显功效：图 8-6(*a*)仅采用倾斜开窗夜间通风在较小热负荷［约 20W/m² 或者 160Wh/(m²·d)］导致有时很不舒服的状态；而图 8-6(*b*)是在同一情况下采用建筑部件制冷技术，完全不会感觉有任何问题发生。

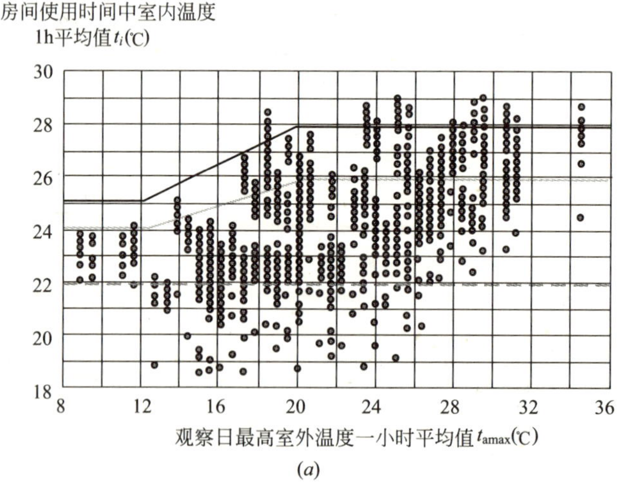

图 8-6 办公室建筑应用建筑部件制冷技术的功效(一)

(来源：M. Zimmermann)

(*a*)办公室建筑采用倾斜开窗夜间通风：在热负荷约 20W/m² 时超运行限 27K/h

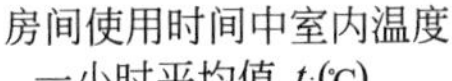

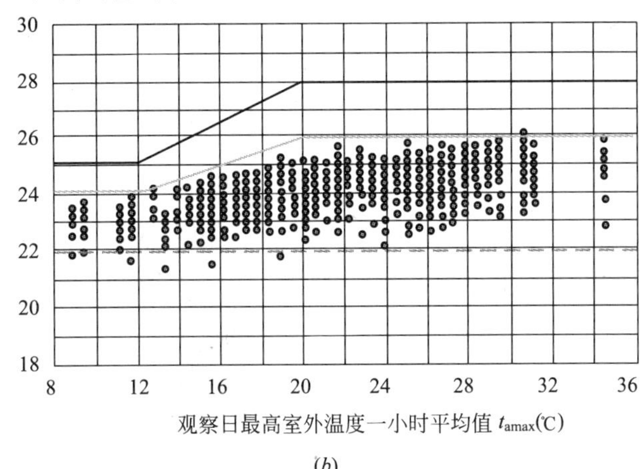

图例：• 办公室内温度　—— 操作上限
～～ SIA 382/2规定　--- 操作下限

图 8-6　办公室建筑应用建筑部件制冷技术的功效(二)

(来源：M. Zimmermann)

(*b*)办公室建筑采用建筑部件调节通风：仍在热负荷为 $20W/m^2$ 下，运行没有超运行限

8.3.4　回冷

在输入的热能与通过建筑部件导出的能量之间所做的一个比较表明：有一部分能量将通过建筑物的热损失得以从室内散失。对于一般办公室而言，这一热损失过程能占到40%；对于带有高热负荷的办公室建筑来说，可达到20%。建筑物的热损失对于采纳回冷行动计划的规模有至关重要的影响。

对于水泥盖板回冷，采用自然降温制冷是明智之举。然而，常常采用小型制冷机作为技术过程的支持。但是，典型的室内空气调控总体辅助能耗(包括通风、泵以及制冷机)，对于新建建筑而言，不应超过 $5W/m^2$；而对于老建筑改造，不应超过 $10W/m^2$。

最具优势的方案可以算作利用地下水。它可以达到相对较低的温度水平，并且时间上不受束缚。其制冷功效首先取决于可以提供的地下水水量。然而，利用地下水之便，并非总是可以做到的。

利用地下水的一个替代方案可以通过地热探针和能量柱桩两种手段得以实现，仍然能利用较低的土壤温度。考虑这一替代方案应当顾及不仅用于夏季制冷，还可以作为冬季采暖的热源。

可见，最广泛应用的回冷手段可借助夜间冷的室外空气来实现。为此，往往设置干燥塔和加湿塔。

实验表明：夜间室外空气通风的方法在室外空气夜间温度为16～18℃时，制冷功效最高。回冷设施自身的功率选择与生产商提供的信息相关。

8.4 建筑部件制冷结构提示

内部流水的管线通常采用人工材料管来铺设，就如同地板采暖那样。个别的时候也有用钢管，好似以前顶棚采暖时一样。实际上两种系统均可。

同地板采暖相反，人工材料管的铺设要和楼板加固浇筑一起进行。这就要求精心设计以及在铺设时加倍小心，因为发生任何损伤都是以后无法弥补的。

图 8-7 现场卸下预制管线模件

如果采用预制管线模件，如图 8-7 所示，则今后较容易执行在楼板的什么位置允许钻孔。

事先弯好的管子单元，管长 50m，管间距 15cm，固定在加固下模板上方约 10cm；至使以后管线得以净空。管线端头通过一个人工材料制的盒子导入楼板下边缘（见图 8-8）并且在楼板浇灌水泥之前锁紧以确保密封。一旦浇灌的水泥楼板成型并拆除模板后，将在人工材料制盒子中的导管锯断，并且弯向下面连接分配管线（见图 8-9）。

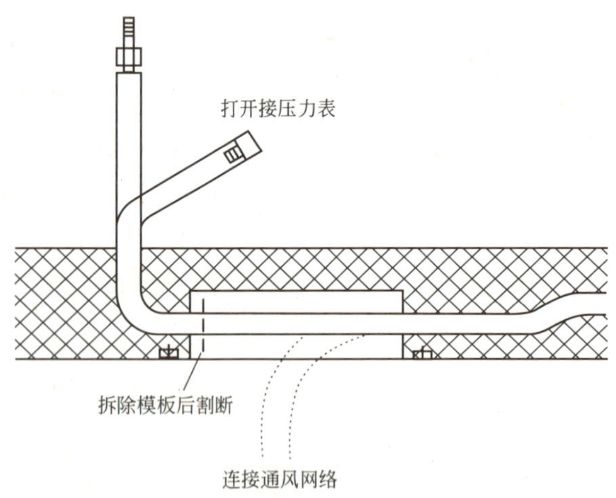

图 8-8 为预制管线模件事先安装的连接盒
（来源：DOW）

图 8-9 管线盘管在走廊区域与分配系统的连接
（来源：DOW）

热性能活跃建筑部件系统使得自由布置家具的房间不会存在附加有干扰的安装，如图 8-10 所示。

在较大办公室房间中间布管水泥楼板可能发生声响问题。对此应当给予足够重视：屋顶水泥楼板亦应有足够的吸声表面，以配合建筑实体的热耦合。到目前为止，尚未

图 8-10　建筑部件系统的办公室没有任何采暖制冷安装的痕迹
(来源：Sarinaport)
注：通风源置于墙脚基柱处。

找到一个解决问题的最佳办法。实际当中，往往寻求某种折中的方法。

8.5　预制中空水泥楼板

预制中空水泥楼板(hollow core slab)可以有效地从建筑物中排出冷空气或热空气。空气进入室内之前先接触水泥的热容。预制中空水泥楼板大大加快空气和板间的热传导，因此成为充积和释放冷量的高效手段。预制中空水泥楼板的底面承担其与所包围空间进行热交换的大部分，它可转移的热增益最多达 50W/m^2。

图 8-11 描述了应用中空水泥楼板的通风系统的情形。

(*a*)

图 8-11　应用中空水泥楼板的通风系统(一)
(*a*)安装使用

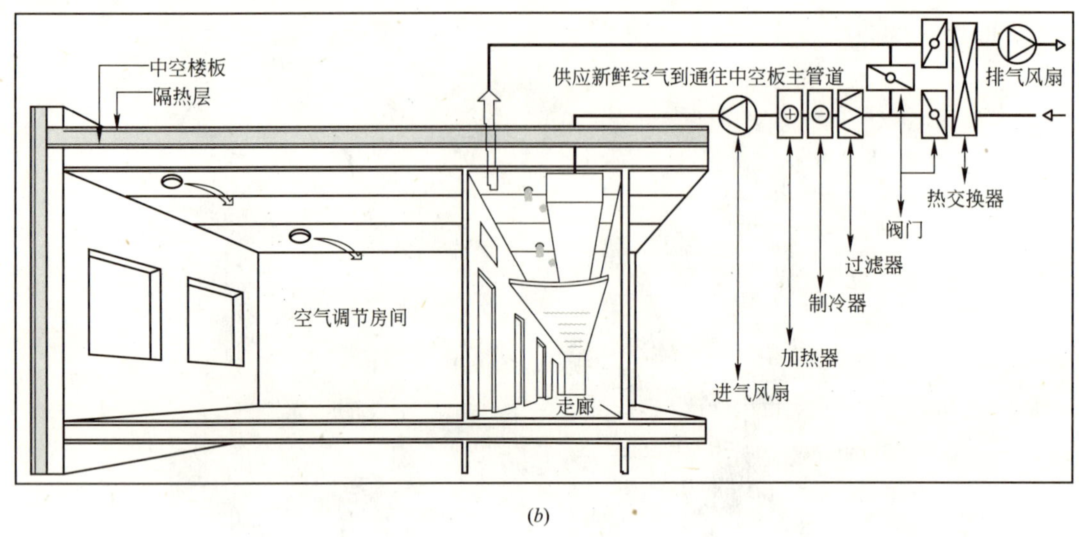

(*b*)

图 8-11 应用中空水泥楼板的通风系统(二)
(*b*)应用系统原理(来源：TermoDeck)

8.6 建筑部件制冷设计

8.6.1 中空楼板结构

中空水泥楼板所用塑料管如图 8-12 所示。图中基础内管材是过氧化物交联聚乙烯(PE-Xa)管；外面为 EVAL 屏障层；中间以耦合试剂层过渡。

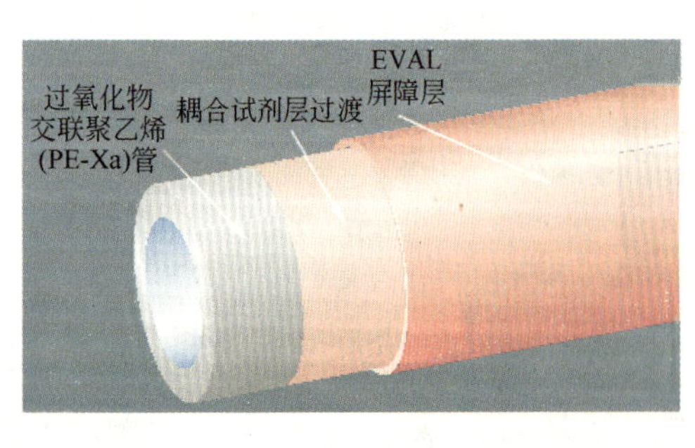

(*a*)

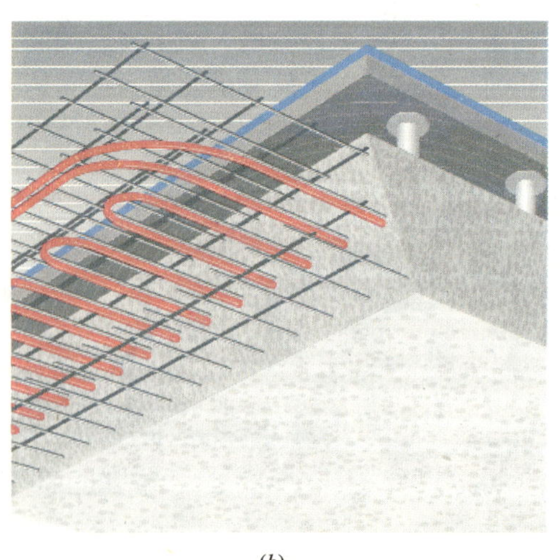

(*b*)

图 8-12 中空水泥楼板制冷详细结构
(*a*)中空水泥楼板用塑料管；(*b*)实际中空水泥楼板结构安排

8.6.2 中空楼板工作

图 8-13 描绘了采用中空水泥楼板的办公室制冷工作情形：

(1) 在办公时间，室内热负荷辐射经中空水泥楼板吸收，由风扇在中空水泥楼板管路排热或者送入冷风；

(2) 夜间，当室外空气凉爽时，由风扇抽入中空水泥楼板管路循环，排热以及为次日白天预制冷；

(3) 夜间循环之后，如中空水泥楼板体块存储能量足够，建筑物可以通过可控开窗进行自然通风。

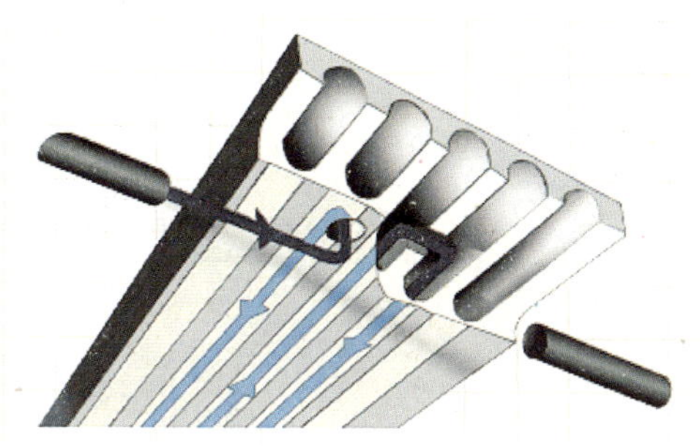

图 8-13 采用中空水泥楼板的办公室制冷工作情形
(来源：SMITH AND ANDERSEN)

8.7 建筑部件制冷建筑举例

8.7.1 瑞士佛莱博格混凝土楼板顶棚办公建筑

世界第一座用置换式新风系统+混凝土楼板顶棚柔和辐射采暖制冷系统的办公建筑在瑞士佛莱博格 Sarinaport，Fribourg. Switzerland 落成。图 8-14 给出了建筑物外观。

图 8-14 世界第一座用置换式新风系统+混凝土楼板顶棚柔和辐射采暖制冷系统的办公建筑在瑞士佛莱博格(Sarinaport，Fribourg. Switzerland)落成
(来源：Keller Technologies AG)

8.7.2 中国北京混凝土楼板顶棚住宅建筑

顶棚柔和辐射采暖制冷系统+全置换式新风系统+混凝土楼板的住宅楼将在北京竣工。图 8-15 显示此屋顶制冷采暖系统简图、顶棚柔和辐射采暖制冷系统布管安排以及建筑物外观效果。

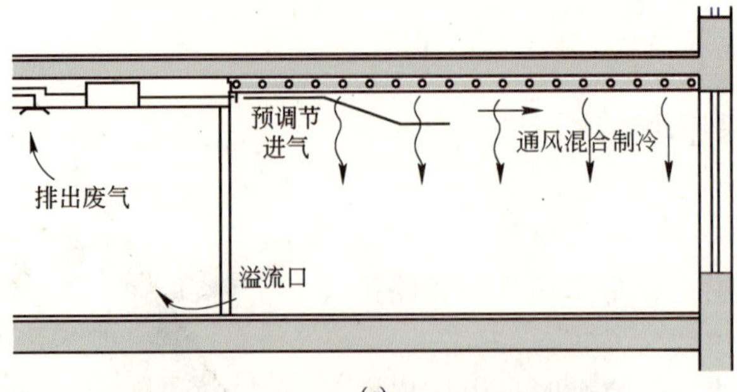

(a)

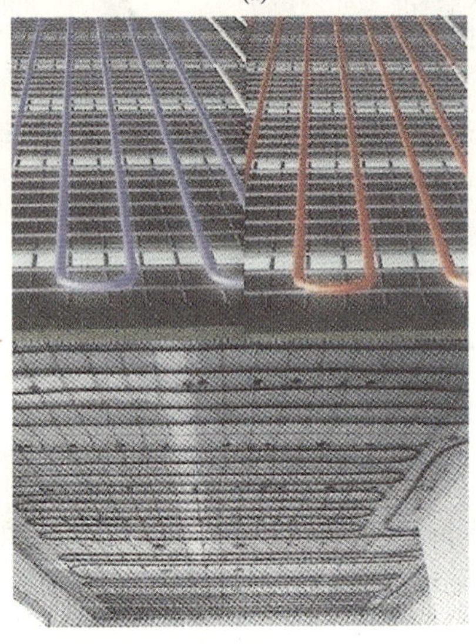

(b)

(c)

图 8-15 顶棚柔和辐射采暖制冷系统 + 全置换式新风系统 + 混凝土楼板的住宅

(中国北京，来源：MOMA)

(a)屋顶制冷采暖系统简图；(b)天棚柔和辐射采暖制冷系统布管安排；(c)建筑物外观效果

8.8 双层前立面通风制冷

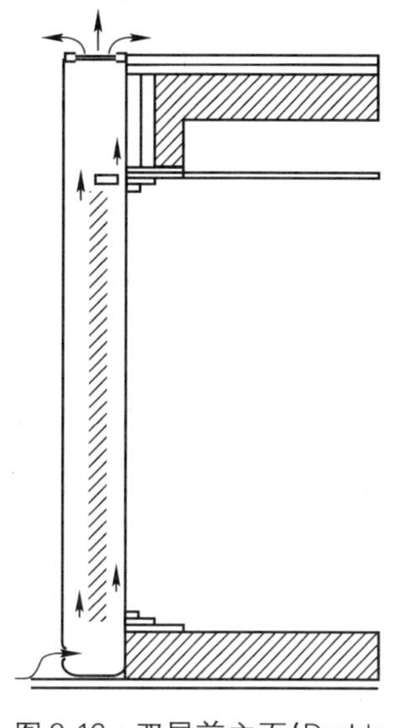

图 8-16 双层前立面(Double Skin Facade，DSF)示意图

除了上述楼板作为建筑部件制冷的典型之外，最近几年特别是在欧洲采用双层前立面(Double Skin Facade，DSF)通风，冬季采暖、夏季制冷的效果也不错。

8.8.1 双层前立面

一个双层前立面(Double Skin Facade，DSF)简单结构如图 8-16 所示。

8.8.1.1 双层前立面组成

双层前立面组成为：

(1) 外部和内部玻璃——内外窗格玻璃类型选择取决于前立面的类型。如果前立面采用室外空气通风，隔热玻璃(Insulating Glazing Unit，IGU)一般放在内侧而单层玻璃置于外侧；如果前立面采用室内空气通风，隔热玻璃一般放在外侧而单层玻璃置于内侧。

(2) 外部和内部玻璃间的空腔——空腔通风可以是纯自然通风、有风机支持的自然通风(混合式，hybrid)以及纯机械通风。空腔宽度随着应用方案的功能而异：10cm～2m不等。

(3) 遮阳设施——遮阳设施放在空腔内，通常采用通风幕帘。因为幕帘会吸收或者反射辐射能量，幕帘的特性以及位置将影响空腔的响应。这样一来，遮阳设施的选择应在考虑内外窗格玻璃类型，空腔的几何尺寸以及通风方略的恰当组合之后再予确定。

(4) 开孔——内外层前立面开孔以使空腔通风。

8.8.1.2 双层前立面设计

正确选择内外窗格玻璃和遮阳设施类型是双层前立面系统工作的关键因素。当采用自然通风时，不同的窗格玻璃能影响空气温度进而影响空腔的气流。

几何尺寸(主要是空腔的宽度和高度)以及幕帘的特性(主要是吸收、反射和传导的性能)会影响空腔中的气流类型。

在设计双层前立面系统时，内外层前立面开孔的大小和位置至关重要，因为这些参数会影响空腔中的气流类型、空气流速进而影响到空腔中的温度(高层建筑尤为重要)。内外层前立面开孔的设计对于室内空气流量、通风速率以及使用者的舒适度具有决定性的作用。

从研究空腔的物理本质来真正理解双层前立面系统的运行特别重要。单个前立面系统设计和将其恰当地集成入建筑物是高层建筑特性的关键。只有仔细考虑上述参数的设计要点，才能达到改善室内环境和节能低碳的目的。

8.8.1.3 双层前立面空腔通风空气流种类

图 8-17 显示了双层前立面空腔通风空气流五种类型。

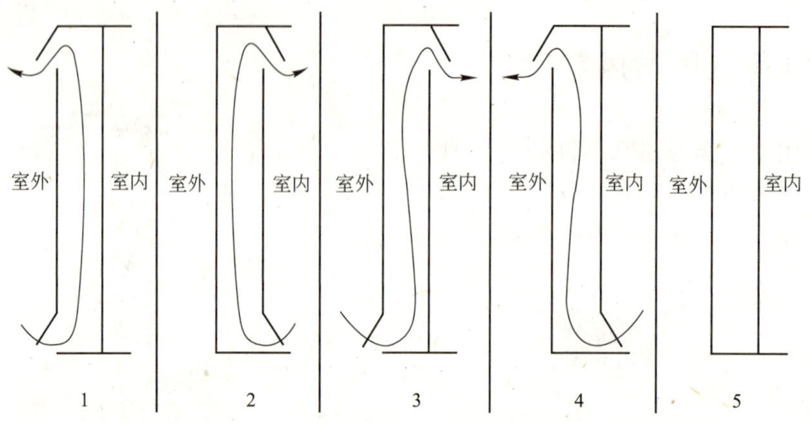

图 8-17　双层前立面空腔通风空气流五种类型
(来源：BENT)
1—外空气帘；2—内空气帘；3—进气；4—排气；5—空气缓冲

8.8.2　应用双层前立面办公室建筑特性

能源的紧缩和环境的重压，使得创新的办公室建筑前立面技术的发展需求从来没有像今天这样紧迫。

一个先进的建筑前立面技术可以为建筑物提供室内舒适的小气候，噪声防护和良好的采光。正因为如此，需要减少附加能量需求。在过去 15 年里，双层前立面(DSF)成为办公室建筑的一个主要建筑部件(见图 8-18)。

图 8-18　应用双层前立面办公室建筑
(来源：Lund University)

建筑前立面技术可以为建筑物提供以下功能：

(1) 一个热缓冲区；

(2) 通风进气的太阳能预热；

(3) 提高能量应用效率，节省能量；

(4) 防止噪声；

(5) 防风，减小尖峰风压；

(6) 防止污染物；

(7) 防火；
(8) 自然通风制冷；
(9) 美观。

8.8.3 应用双层前立面的主要类型

应用双层前立面的主要类型有：
(1) 盒式窗型；
(2) 走廊型；
(3) 井筒式窗型；
(4) 多层型；
(5) 多层天窗型。
图 8-19 依此勾画出这五种应用双层前立面的主要类型。

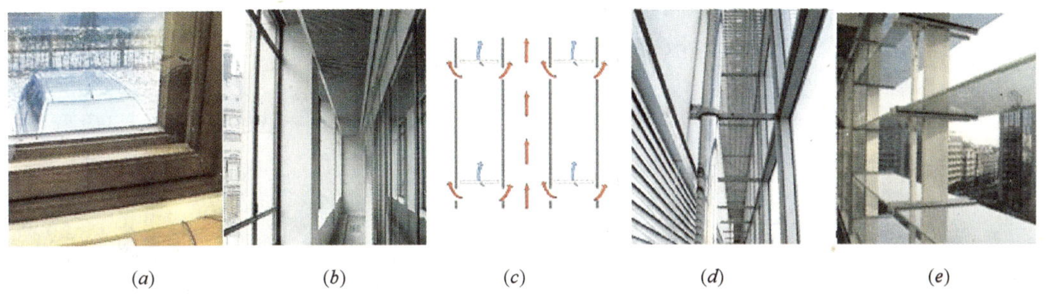

(a) (b) (c) (d) (e)

图 8-19 应用双层前立面主要类型
(来源：BBRI)
(a)盒式窗型；(b)走廊型；(c)井筒式窗型；(d)多层型；(e)多层天窗型

8.8.4 应用双层前立面短评

建筑物围护包络的选择是建筑设计最为关键的一环。这一抉择确定了使用者将在这座建筑中的行为(如照明、自然通风)、应付外面气候的能量需求以及此建筑物的外观。建筑物围护包络设计选项范围会导致建筑物通风和制冷系统的规模有巨大差别。如果一座建筑的围护包络做得不好，使用者自行行动来中和环境(如拉幕帘和关窗户)可能大大影响能量的使用，并且因而改变了建筑设计的初衷。如是，最好的结果是能耗增大；最糟糕的话，系统能力不足够，造成使用者的不舒适。

最佳的能量节省要求不透明的墙和玻璃部分之间有一个合适的平衡。双层前立面是管理室外和室内空间相互关系的一个手段；它同时提供给建筑设计更多的灵活性。和双层前立面紧密相连的能量利用高效和热舒适要求仔细设计构造玻璃、太阳能调控设施(包括热学的和光学的两个方面)以及双层前立面(DSF)空腔通风。一个灵敏的对太阳能调控设施和 DSF 通风的控制系统必不可少。

实验表明：不同的运行实践或者设计决定(如玻璃的选择)能够影响 DSF 的最终性能。这些元件和参数的选择或决定应当基于其详细的物理过程，并且综合考虑当地气候数据。

9 建筑局部制冷

9.1 建筑局部制冷的概念

建筑内部的热负荷可以通过各种无源制冷或者无源＋有源混合式制冷系统被导出至外部环境。其实，这些热负荷首先是在室内扩散开来；遂使得制冷系统要将其排出室外在技术上要花费巨大努力。如果能将热负荷于源头附近捕获，在它还没有扩散之前就将其排出，岂不事倍功半？技术上实现最简单的当数在设备附近将热空气直接吸走，比如说，可排出热气的照明灯。在其他设备如计算机(PC)、打印机附近也可以将热量类似地排出，如图 9-1 所示。

图 9-1 高度密集安装电子办公设施的办公室应将热负荷局部制冷
(来源：Gotthardbank)

9.2 建筑局部制冷的重要特性

建筑局部制冷的重要特性包括：

(1) 如采用冷水局部制冷，温度应大约 20℃，此时可产生最佳制冷效果而且冷水水管不需隔热处理；

(2) 所处区域空气流动速度低于 12cm/s，即保持充分自由空间；

(3) 工业现成系统产品可在低投资成本以及低运行成本下提供最高的工作可靠性。

9.3 建筑局部制冷设计基本考量

高度密集安装电子办公设施的商业用房和办公室的制冷负荷可达 60～200W/m²。这样的房间通常安置有制冷罩或高效空气混合系统制冷。两者均在制冷负荷为 80W/m² 时达到极限。实际应用中常常有制冷系统的极限警示。

除了纯辐射制冷外，这一限制与如上所述要求保持工作地点的充分自由空间似乎有些矛盾。下面将展示在工作地点创造充分自由局部微气候的可能性。这里，工作场所电子办公设施产生的热负荷大部分直接被制冷，另外被少部分房间中分摊的热源所补偿。

9.4 建筑局部制冷工作原理

对于具体局部制冷而言，需要根据高密度电子办公设施终端实地测量和计算来安排。然而，存在另外一种很有意义的应用可能性，即基于如下原理：产生的热量尽可能在其发生地被截获。如此，系统不仅要小，而且要高效。计算机终端附近的较高空气温度通过20℃的冷水局部制冷可达到很明显的效果。这种系统尚可以自己调节：一旦没有负荷了，制冷功效立即停止。

为了提高系统功效，热量交换不仅仅是无源的而且可以采用风机，如图 9-2 所示。实际上，工作地点高度密集安装电子办公设施产生的热负荷总体排出。另外，造成这一制冷区域热量沉降；使其他地区的热负荷也可以被接纳而且不至于让人到有空气流动的感觉。

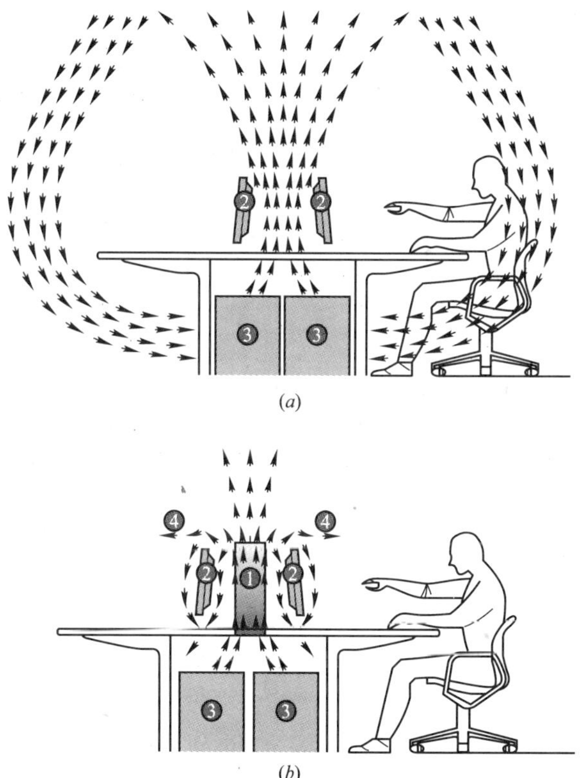

图 9-2　电子办公设施局部制冷系统(Cool-Top)安排
1—Cool-Top；2—显示器；3—计算机；4—局部空气量调控
(a)一般工作场所发热室内混合发散；(b)具有 Cool-Top，发热仅在设备附近且大大降低
(来源：E. Keller Journal Nr. 11)

实际上，风机的运行应没有声响，即无噪声。如果相反，则要求制冷机运行时能吸声并且对电子办公设施的噪声予以减振缓冲。

水管和平面显示屏的过渡设施放热有重大改变：较少接收热量的新显示屏对操作员的

直接放热要比老的显示屏更强。这是因为大约高出室温 20K 的显示屏表面温度会通过热辐射直接对操作者起作用。这一部分局部制冷也要予以重视，以降低显示屏表面温度。

9.5 建筑局部制冷功效指标

建筑局部制冷功效指标主要是两个：温度梯度和气流速度。EMPA(in Duebendorf)对建筑局部制冷设施微气候制冷的功效指标进行了测试。测试结果表明在所处工作区域：地板和屋顶间的温度梯度为 1～2K；空气流动速度为 4～6cm/s。

图 9-3 给出建筑局部制冷设施微气候制冷的功效指标测试结果，粗线为采用局部制冷设施微气候制冷措施后的数据。

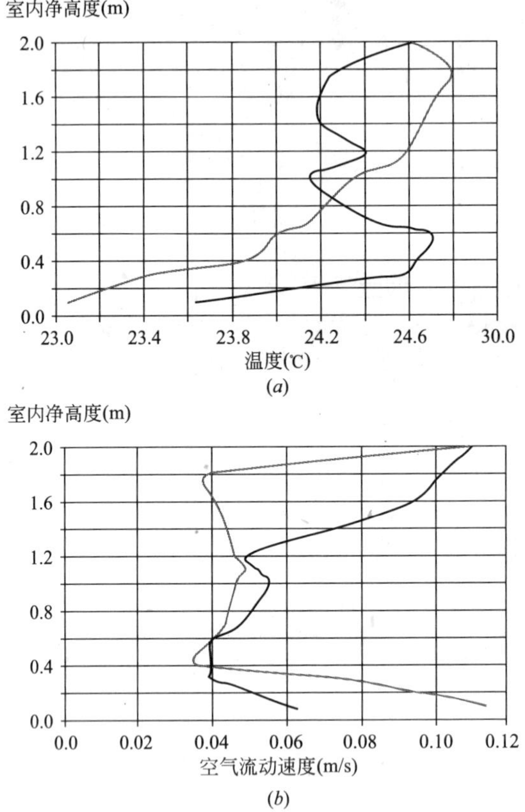

图 9-3 建筑局部制冷设施微气候制冷的功效指标测试结果

(a)温度梯度；(b)气流速度

(来源：EMPA in Duebendorf)

10　其他无源制冷方法简介

除了前面几章中比较详细地讨论的无源制冷和低能耗制冷的方法，随着科技的进步，新无源制冷或者低能耗制冷技术不断涌现并逐渐成熟，它们在建筑中的成功应用值得期待。有些传统自然制冷技术结合新材料、新工艺，也正焕发新春。

10.1　辐射制冷

近年来，建筑的辐射制冷(Radiative cooling)，作为纯自然无源制冷四个手段(通风、蒸发、地热资源和辐射)之一，已经吸引了相当多的研究。这些研究主要集中在评估辐射制冷资源的大小以及在不同地点制冷潜能的变化。

10.1.1　辐射制冷概述

辐射制冷是基于从一个物体(建筑物)向另一个温度较低的物体(热沉降)发出长波辐射的热损失。这里，热沉降由天空承担，因为天空温度一般比地球上大部分物体的温度低。

主要有两种途径实现建筑物辐射制冷：

(1) 直接无源辐射制冷——建筑物围护结构包络直接向天空辐射(建筑物辐射最重要的部分是屋顶)；

(2) 混合(Hybrid)辐射制冷——并非建筑物本身，而是利用一个与平板型太阳能集热器类似但逆向运行的金属板。新鲜空气进入建筑物之前先在此金属板下循环得以向天空辐射。

其他的系统多是将上述二者组合的形式。

10.1.2　辐射制冷原理

10.1.2.1　辐射传热的物理基础

(1) 电磁辐射。任何温度高于 0K 的物体都有电磁辐射能量，这与和温度成正比的物质内能相关联，是分子和原子热激发的缘故，称为“热辐射”。主要集中在窄带：波长为 0.1～100μm。

(2) 黑体。能在任何温度下全部吸收外来电磁辐射而毫无反射和透射的理想物体。

(3) 普朗克定律(Planck’s Law)。描述在任意温度 T 下，从一个黑体中发射的比电磁辐射［$W/(m^2 \cdot \mu m)$］与电磁辐射的波长 $\lambda(\mu m)$的关系式：

$$u(\lambda, T)=\frac{8\pi hc}{\lambda^5}\frac{1}{e^{\frac{hc}{\lambda kT}}-1}$$

式中　h——普朗克常数；

c——光速。

(4) 斯特藩-玻尔兹曼定律(Stefan-Bolzmann's Law)。描述黑体辐射场总能量同热力学温度之间关系：

$$M=\sigma T^4$$

这里，$\sigma=5.669\times10^{-8}W/(m^2\cdot K^4)$。

(5) 基尔霍夫定律(Kirchoff's Law)。一个物体辐射每一频率每一方向比发射等于比吸收：

$$\alpha_\lambda(T, \Phi, \theta)=\varepsilon_\lambda(T, \Phi, \theta)$$

式中 Φ，θ——角坐标；

λ——波长。

10.1.2.2 天空辐射

每一地球表面物体都与其他物体，也与天空交换热辐射。因为 99%的大气成分是对称结构分子 N_2 和 O_2，在红外区(波长 λ 介于 8～13μm 之间)呈透明，称作“大气窗口”。当某地球表面物体处于“大气窗口”并且大气条件满足：低湿度、晴朗无云，即：使得“大气窗口”开放。这样一来，此物体辐射更多能量到相对温度低的天空热沉降，用“天空温度沉降”(temperature depression)D_{sky}表示：

$$D_{sky}=(1-\varepsilon_{sky}{}^{1/4})T_\alpha$$

式中 T_α——周围温度；

ε_{sky}——天空辐射率。

在大气中，三种相对来说含量少的成分——二氧化碳、臭氧和水蒸气却对这一“大气窗口”开放程度影响很大，特别是水蒸气。图 10-1 给出了在大气中不同水蒸气含量时实际测得的地球表面收到的长波辐射功率。

从图 10-1 的天空辐射谱功率分布可以看出：在波长 λ 介于 8～13μm 以外的地方，地球表面收到长波辐射功率与黑体吸收辐射功率大体吻合。在波长 λ=8～13μm 处，大气中水蒸气含量越高，地球表面接收到的长波辐射功率越低，即“大气窗口”关闭。

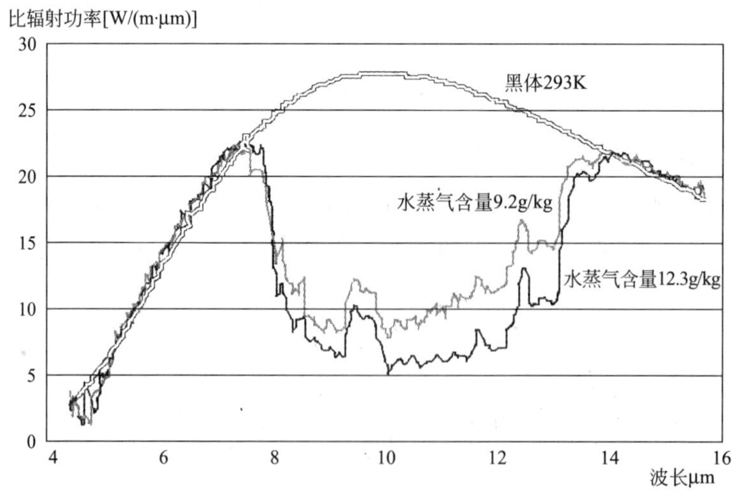

图 10-1 大气中具不同水蒸气含量时实际测得的地球表面收到长波比辐射功率

(来源：Brunold)

10.1.3 辐射制冷系统

10.1.3.1 白屋顶

最简单的无源辐射技术是将屋顶涂成白色，但是，晚上没什么用，仅白天少吸热而已。

10.1.3.2 可移动隔热层

屋顶装置可移动隔热层：白天覆盖隔热层减少吸热储热；晚上移开隔热层使热量储存体直接面对天空辐射制冷。设施可以手动或者自动运行。在冬天，上述操作完全相反：白天直接多吸热；晚上保护减少损失。

两个缺点：

（1）花费高；

（2）因无传递介质，多层建筑物不宜。

10.1.3.3 可移动热质量

实质上是屋顶装置可移动隔热层的变种，花费更高。

10.1.3.4 平板空气制冷器

平板空气制冷器形状与没有玻璃罩的平板型太阳能集热器相似，金属管外镀锡、铝、锌等金属氧化物。

10.1.4 辐射制冷举例

这里提供在以色列 Sde Boqer 实施的一个从 1987 年就开始的项目——系统地评估用平板型太阳能集热器作为辐射制冷器的效益和潜能。该系统夜间用从一个浅屋顶水池通过平板型太阳能集热器的循环水以借助于长波辐射和对流达到制冷。图 10-2 简要地描绘了这一系统的安排。

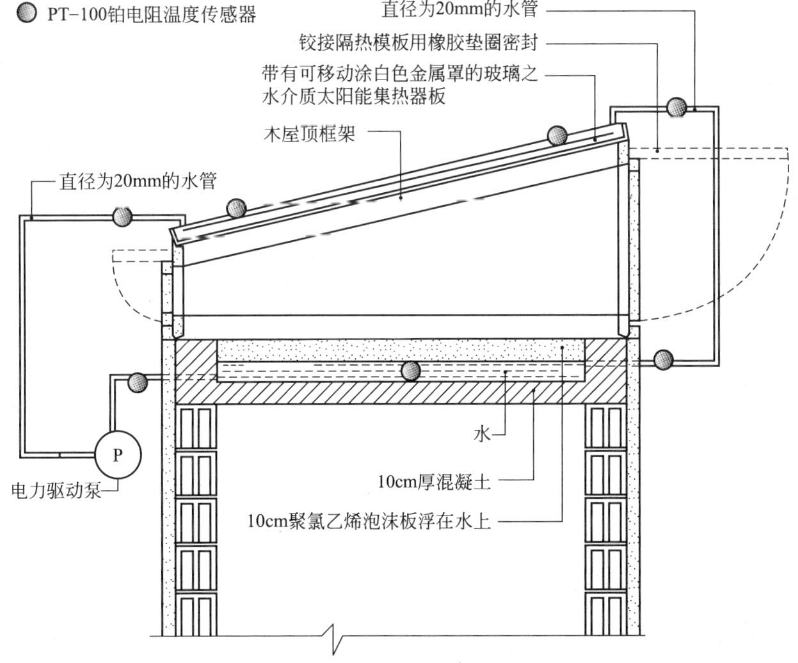

图 10-2 以色列 Sde Boqer 系统地评估用平板型太阳能集热器作为辐射制冷器辐射制冷效益的系统简图

（来源：Erell & Etzion）

此处，平板型太阳能集热器是去掉玻璃罩的普通太阳能热水器用的集热器。屋顶水池存储的能量，夜间十点以后通过 7 个小时水循环逐渐经集热器的辐射而耗散掉。据 1990 年夏天连续三个星期的测试，此辐射制冷器辐射制冷功率平均为 $81W/m^2$。

10.1.5 辐射制冷小结

辐射制冷系统处于研究阶段，在地中海沿岸多处成功运行。

辐射制冷技术目前存在的问题：高湿度地区不宜应用；成本尚高。

10.2 吸收冷凝制冷

10.2.1 冷凝制冷简介

冷凝器的发明者 Albert Einstein 深谙宇宙奥秘，他的这一发明引发了 20 世纪 30 年代家用冰箱的旺销。

压缩机冷凝就是基于这样一个热动力学的循环：气体被机械压缩导致热量上升。当继续维持压力，气体放热则会液化。如果泄至低压，此液体会膨胀汽化。这一过程使蒸汽从周围环境中吸收热量。

此制冷过程的制冷能力用一个被称为“特性系数”(Coefficient Of Performance，COP)来表征。它等于制冷功率和投入功率之比，良好的设计可使 COP 接近 100%。

10.2.2 吸收冷凝

吸收冷凝(Absorptive refrigeration)利用一种热源提供能量驱动制冷过程。吸收冷凝器用于建筑空调从热电联产废热代替驱动压缩机冷凝器的电能。

光-伏(PV)太阳能系统可以用来提供压缩机所需电力。

10.3 氨吸收制冷

10.3.1 氨吸收制冷工作原理

氨吸收(Ammonia-absorption)制冷依赖于氨的这样一个的特性——在冷水中可以溶解却在热水中不溶。

当加热氨水溶液，在高压下氨气将会被驱赶出来。如若这排出的气态氨在一冷凝器中被冷却至周边环境温度，它又变成液体。然后，液态的氨被送至一个蒸发器中与少量氢气接触，使之再次成为气态并在此过程中从周边环境吸收很多热量。这就是所谓的整个过程的“制冷”周期，如图 10-3 所示。

氨-氢混合物被送入吸收器中与水在常温下接触。在这个温度下，氨能溶解于水，而留下纯净的氢以再返回蒸发器，准备开始新一轮循环。

整个循环过程并无任何机械力来支持，仅由一个“气泡泵”来驱动。这就构成了一个狭窄而垂直的容器。在这里，气泡生成、腾升、液化贯通整个过程。其实，这一“气泡

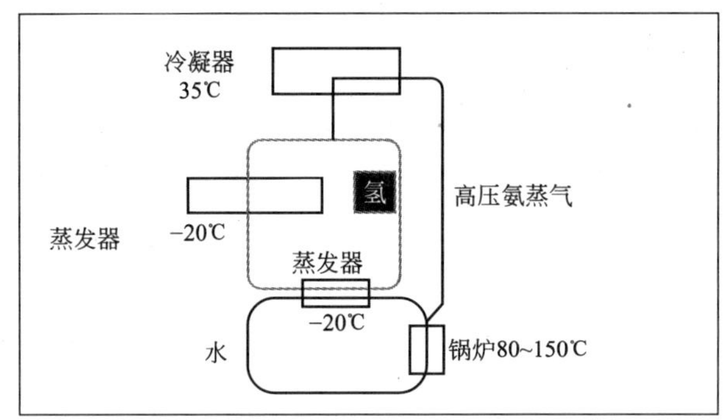

图 10-3 氨吸收(Ammonia-absorption)制冷系统示意图

泵”技术的一个最普遍的应用就是咖啡机。这种泵很便宜，并且无需任何维护。

10.3.2 氨吸收制冷系统改进

但是，此系统尚有一痼疾：如果锅炉没有达到目标温度，就不能够驱出全部氨蒸气。因此，破坏了氢气纯化的有效性。由于在蒸发器中氨的蒸发温度取决于在氢气中氨蒸气的压力，不足够的锅炉温度将大大影响系统的制冷效果。

基本的系统要求：加热氨-水混合物的锅炉应能达到 150℃的温度。如果利用太阳能的话，很大程度上取决于太阳光的聚集程度。维也纳技术大学(Technical University of Vienna)的研究人员重新设计了这一循环，加入了一个旁路(bypass)，这样一来，在相对较低温度下就可以从氨-水溶液中抽取更多的氨——在 75～80℃下达到所需的氨蒸发。这样的温度在普通真空管型太阳能集热器中就能得到。显然，这是一个理想的热源。因为，在炎炎夏日最需要制冷之时，太阳照射的供应恰恰最为充裕。

10.3.3 氨吸收制冷应用

为向建筑空间提供制冷，采用风扇通过遍布整个建筑物的管线驱动周围空气穿过蒸发器。

此外，热源还可以由一个热电联产厂通过一个内燃机、一个微透平或者一个史特林引擎(Stirling engine)❶提供，得以驱动整个氨吸收制冷系统。

10.4 热电子制冷——无化学制冷

10.4.1 历史回顾

早在 1883 年，Thomas Edison 就已经发现了热电子制冷(thermionic cooling)这一现象。可是，时值 1994 年，Cerald Mahan 发表了一篇关于这一制冷形式前景的论文才使之实现成为可能。

---

❶ 斯特林引擎是活塞式热机，在外部加热密封气室里，气体(氢气或氦气)膨胀推动活塞做功，膨胀后的气体在冷凝室冷却，然后进入下一个循环。只要有一定的温差存在，都可以形成斯特林引擎做机械功。反之亦然。

10.4.2 热电子制冷工作原理

热电子制冷是基于一个被称为真空二极管的电子器件；此电子器件后来又被叫做“制冷芯片”(cooling chip)：两片非常薄的膜被一个很窄的真空层所分隔。如果在真空层两端施加电压，大部分负极(或称阴极)附近具有很高动能的电子被“蒸发”——携带其动能冲向此芯片的阳极(或称正极)。正是由于热电子的迁移，负极(或称阴极)边变冷了。这开创了无化学制冷。在阳极(或称正极处)，电子附加能量以热的形式消散。这就是热电子制冷的工作原理。

图 10-4 给出了一个采用镀金属铯的纳米线矩阵(Array of Nanowires coated with cesium)作为电子发射极的热电子制冷系统工作和测试其热电子制冷效益简图。

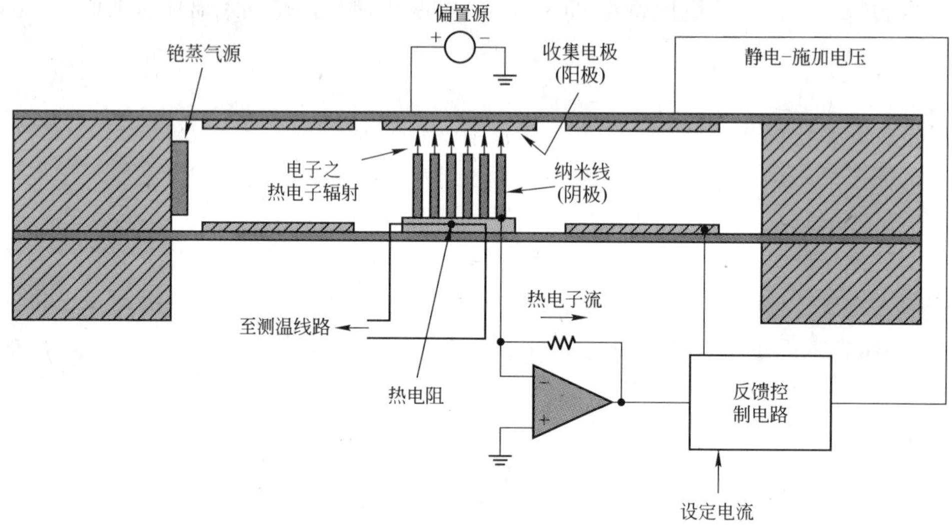

图 10-4 采用镀金属铯的纳米线矩阵(Array of Nanowires coated with cesium)作为阴极的热电子制冷系统工作以及测试其热电子制冷效益简图

(来源：NASA Tech Briefs)

10.4.3 热电子制冷系统特性及应用

英国有一家公司将这一热电子制冷技术优化，将效率提至 80%，比起压缩机制冷的 30%～50%要高出许多。25 个制冷芯片组成一块模板，具有面积约 5cm^2，用 15W 的电功率可运行一台普通家用电冰箱。

热电子制冷冰箱还具有安静、无任何移动部件以及实际上完全不需维护的优点。

可否将这一技术用于建筑物制冷尚待观察。至少，间接地对计算机和其他电子仪器的核心芯片局部制冷可以降低建筑内部的热负荷，对办公室制冷能做出重要贡献。

10.5 热声制冷

10.5.1 热声制冷的特点

热声制冷(Cooling based on thermoacoustics)是约 2000 年前后发展起来的一种新制冷

技术，与传统的蒸发压缩式制冷系统相比，优势明显：

（1）无需使用污染环境的制冷剂，而是使用惰性气体或其混合物作为工质，因此不会导致使用 CFCS 或 HFCS 的破坏臭氧层和温室效应而危害环境；

（2）其基本结构简单可靠，无需贵重材料，因此有成本优势；

（3）无运动部件，使用寿命长。

10.5.2 热声制冷工作原理简述

热声制冷的简单工作原理是基于“热声效应”：在强声场条件下（频率：20～1000Hz，声压：1～3MPa，并带有≥10％的幅值波动），在狭窄流道中压缩气流与周围介质间的热交换实现热量转换。如是，形成在声波稠密时加入热量，稀疏时排出热量，则声波得到加强；反之，声波稠密时排出热量，在声波稀疏时吸入热量，则声波得到削弱。当然，实际的热声理论远比这要复杂得多。

热声制冷的简单工作原理可以用图 10-5 简单描述。

热声制冷器由一个气体位移驱动器，这里是一个可以产生高幅值声波的热声-热引擎驱动，变热能（电能）为声能，以激励热声热泵，形成连续性温度分布，如图 10-5(*a*)所示。

热泵中，流道束管内流体颗粒被声源激励，形成一个热-热交换器（Hot Heat Exchanger，HHX）和一个冷-热交换器（Cold Heat Exchanger，CHX）间的连续温度分布［见图 10-5(*b*)］和流体热振荡［见图 10-5(*c*)］。尽管流道束管结构和尺寸不同，但均由薄板组成。流道束管壁的材料要求同时确保具有大热容和小导热系数，即保持温度梯度。在驻波热声-热引擎，温度梯度与在热声-热泵中恰恰相反。

工作气体常用氦气。

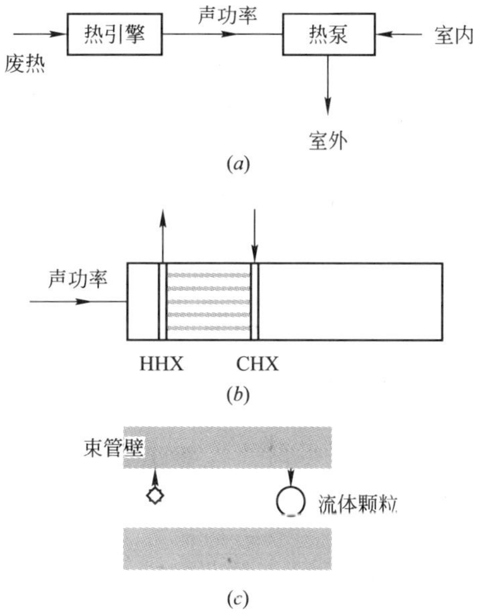

图 10-5 热声制冷的简单工作原理

(*a*)热声制冷框图；(*b*)热泵；(*c*)流道束管放大示意

10.5.3 热声制冷评估

目前看来，热声制冷器可算企图代替空调系统的其他选择中效果及潜力最佳的。其制冷能力小的问题也并非不可逾越的障碍。

10.6 透明隔热体制冷

10.6.1 Trombe 墙

Trombe 墙（Trombe Wall）这一早在 1881 年就被其发明者 Edward Morse 注册专利的

朝向太阳墙，只是在 1964 年经法国工程师 Felix Trombe(1906-1985)的努力才得以普及。这一被玻璃和空隙分开的实体墙吸收太阳能并且带有时滞地选择在夜间释放到室内——实现无源采暖。

类似方式——吸收太阳能并且在夜间时滞地释放到室内的透明隔热体(英：TTI；德：TWD)，效率更高并且通过对流通风可使夏季无源制冷。

10.6.2 透明隔热体

10.6.2.1 透明隔热体的工作原理

透明隔热体(英：Transparent Thermal Insulation，TTI；德：Transparente Wärmedämmung，TWD)的工作原理是基于良好的隔热性能与良好的太阳能穿透能力的一组强强组合。建筑部件在热能收支方面体现出正所赢。透明隔热体(TWD)系统(大部分具有玻璃覆盖面)，不算遮阳保护部分，一般依 10%～30%的比例集成进入建筑物的前立面中。整体 TWD-前立面需要一个附加的遮阳保护。

图 10-6 描绘了透明隔热墙体的简单工作原理：可以无源利用太阳能的透光隔热材料，作为热源可以直接安置在建筑物外墙，组成“透明隔热墙体”。

透明隔热墙体的温度走向如图 10-7 所示。从图中可以看出：尽管墙外侧最高温度变化幅度能达 30℃，墙内侧温度变化幅度仅几度，少许超过 20℃的室内空气温度变化幅度更小。墙内侧温度和墙外侧温度走向大约有 5～6h 的时间迟滞。

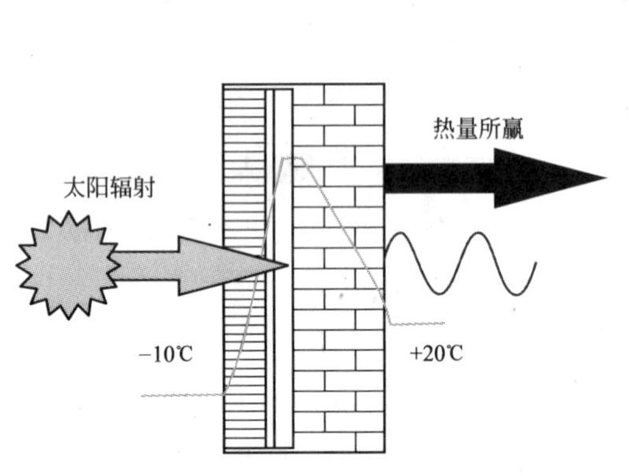

图 10-6 透明隔热墙体的简单工作原理
(来源：TU Darmstadt)

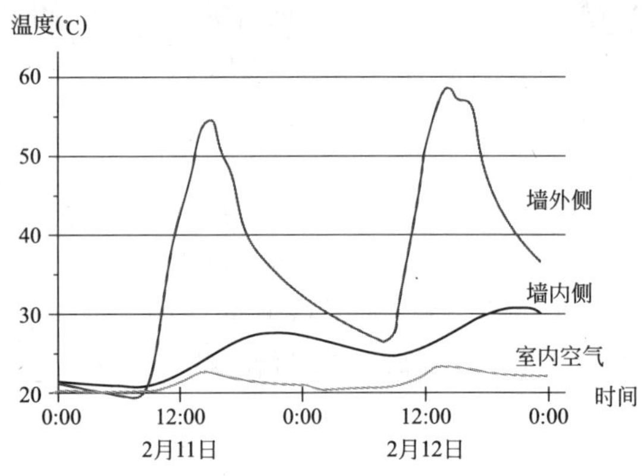

图 10-7 透明隔热墙体温度走向
(来源：Fachverband TWD e. V)

10.6.2.2 透明隔热体结构

图 10-8 给出透明隔热体结构的示意图。

10.6.2.3 透明隔热体材料

透明隔热体的材料是夹在两片玻璃板之间的由薄聚丙烯管所构成的毛细管结构。图 10-9 是透明隔热体材料的一张图片。

10.6.2.4 透明隔热体的特性

典型透明隔热体的特性如下：

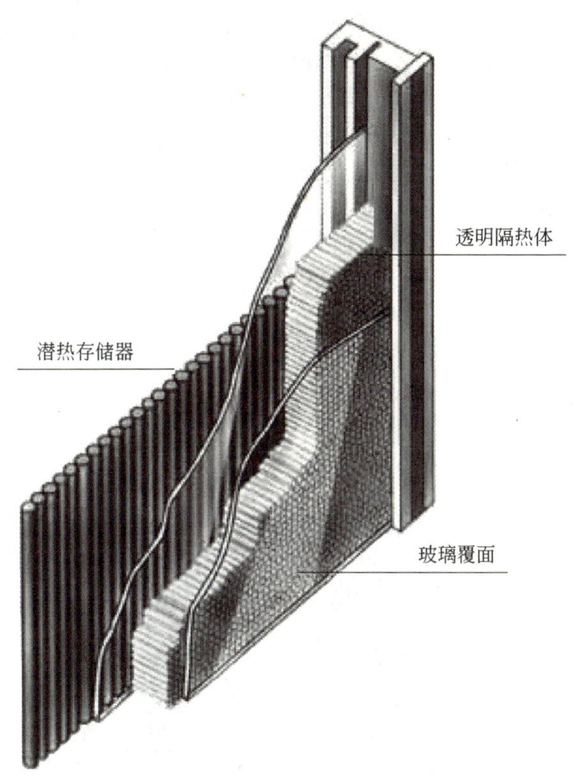

图 10-8 透明隔热墙体结构示意图
(来源：Fachverband TWD e. V)

图 10-9 透明隔热体材料
(来源：DBU)

(1) 传热系数(玻璃)：0.7W/(m^2 · K)；
(2) 传热系数(带框)：0.9W/(m^2 · K)；
(3) 传热系数(整体)：1.2W/(m^2 · K)；
(4) 总透射率：65%；
(5) 每个采暖期纯热量所赢：90～120kWh/m^2；
(6) 每采暖期透明墙热损失：25～30kWh/m^2；
(7) 相对能量节省：115～150kWh/m^2。

10.6.3 透明隔热体采暖和制冷功能

太阳光穿透玻璃片和透明隔热体(TWD)，然后在其后面放置的黑墙处将短波光辐射转换成长波辐射——此黑墙被加热了。这一热量慢慢地再穿过墙体抵达墙的内表面。墙的温度会超过 20℃，遂起到平板式散热器的功用。此墙体“暖气”温度高低是由遮阳装置来调节的，如图 10-10 所示。

在夏天，一个遮阳设施以及此结构件后面的通风必不可缺，以保持南墙凉快。借助夜间时光的强力空气交换(夜间通风)，透明隔热(TWD)墙体块可以用作夏季白天室内空气的无源制冷源。

图 10-10 透明隔热墙体冬季采暖及夏季制冷示意图
(a)冬季采暖；(b)夏季制冷
(来源：Fachverband TWD e. V)
注：粗红线代表温度变化。

10.6.4 透明隔热体的应用

透明隔热墙体不仅用于新建现代建筑物，还可以用于老建筑技术改造(见图 10-11)。朝南方向安装透明隔热体(TWD)效果最佳。

图 10-11 已建成采用透明隔热墙的建筑
(来源：Fachverband TWD e. V)

10.6.5 应用透明隔热体制冷评估

应用透明隔热体无源采暖效果颇佳。带有遮阳的透明隔热体无源制冷在南立面室内温度降低几度范围内运行尚可。在朝东及朝西方向，必须有良好遮阳设施，否则盛夏容易过热。

目前看来，成本价格尚高是制约透明隔热体应用普及的主要因素。

11 城区设计的制冷考量

城市正不断地扩大。可以预测的未来，世界人口的大部分将居住在城市：工业化；人口聚集的活动；机动车辆急剧增长引发的空气污染；日益恶化的环境和气候质量。

现今，单体建筑的设计被人们所重视，却对城区整体规划设计注意不足，这也是城市化引发诸多问题的原因之一。

11.1 城区设计步骤

如果空气质量和气候质量得到保障，城市生活的质量将会大大改善。

城区空气质量涉及城区活动造成空气污染的控制；城区气候质量意味着正确应用不同气象学元素在城市规划和设计的各个层面确保局部气候的改善。相反，如果夏季制冷和冬季采暖高能耗，则必然导致城市空气质量和气候质量的严重恶化。

11.1.1 改善热舒适条件设计的基本思路

夏季，改善热舒适条件的基本思路是：

(1) 对建筑物和行人遮阳保护；

(2) 降低室外温度；

(3) 增强通风：包括建筑物内和行人道；

(4) 改善湿度水平。

因此，改善热舒适条件的设计应瞄准以下两点：

(1) 对人们的室外活动提供保护空间：既保护室外热舒适条件，也进一步促进室内舒适。

(2) 对减少冷负荷和减轻建筑物对空调的依赖做出贡献。

11.1.2 城区设计步骤要点

新城或城市扩展的设计要从正确选址开始，可按如下步骤进行：

(1) 城市规划：功能；规模。

(2) 地形地貌：确定建筑群坐落处。

(3) 建筑群间距离。

(4) 建筑群和单体建筑设计。

整个设计要兼顾夏季热舒适和冬季热舒适。

11.2 城区设计选址

正确选址对安顿项目主要目标活动、防止环境问题以及改善微气候非常重要。

11.2.1 城区设计选址要旨

开阔、凉爽是高热地区选址之首。因为开阔地与自然资源：天空、空气和土地之间可以没有任何干扰地相互关联。当然，存有自然灾害(如洪水)的地域应避免选择。

其次，小心地注重选址与污染源(重化工、市中心等)以及主导风向之间的关系。特别在夏天，污染源影响更大：如因地形引发温度逆转，造成污染物颗粒陷落，再加上强烈的太阳光辐射，将会形成光化学烟雾。

建筑物落点朝向决定了暴露在太阳光下的程度——产生热负荷的关键因素。

当夏季(特别是在傍晚与夜间)凉爽是第一考量时，良好通风事关重大。

选址海拔高度以及距湖泊海洋的距离都在考虑对气温影响之列：

(1) 空气温度的高度梯度一般为：海拔每升高 100m，空气温度降低 0.65℃；

(2) 近湖海，可以享受白天来自湖海，夜间来自内陆的习习凉风。

11.2.2 城区设计选址讨论

11.2.2.1 基于夏天热舒适度选址考虑

朝北和朝东比朝西和朝南接受较少太阳辐射。朝北坡会最凉，朝西坡会最热。

通风方面，迎风(上风)坡要比背风(下风)坡凉爽。山顶或迎风坡高至接近山脊处选址暴露于高空气流中；在低的山侧选址得益于下坡凉爽的空气流。这些显然比考虑避免冬天强空气流的安排在夏天要更凉爽。如选谷底，四面被山环绕，易引发温度逆转，造成污染物颗粒陷落。

图 11-1 描绘了这些基于夏天热舒适度在一座山丘周围选址考虑。

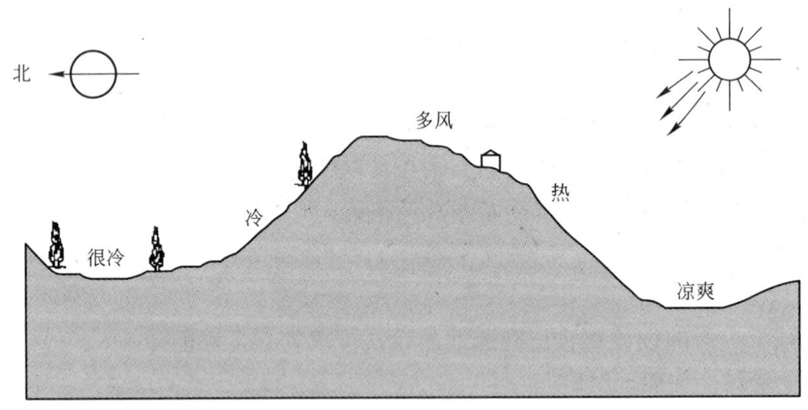

图 11-1 基于夏天热舒适度在一座山丘周围选址考虑

11.2.2.2 基于气候要求建筑物选址

(1) 干热气候：强调降低热增益，选择山丘底部，盛夏能有凉爽空气。冬冷地区宜选朝南座向；冬季温和地区亦可选朝北或朝东座向。无论如何，不能选朝西座向；朝东南座向应是首选。

(2) 湿热气候：通风是关键，宜选上风，高处。选朝南和朝北座向均可。因过多日照，避免选朝东、朝西座向。

这种基于气候要求的建筑物群选址简单地示于图 11-2。

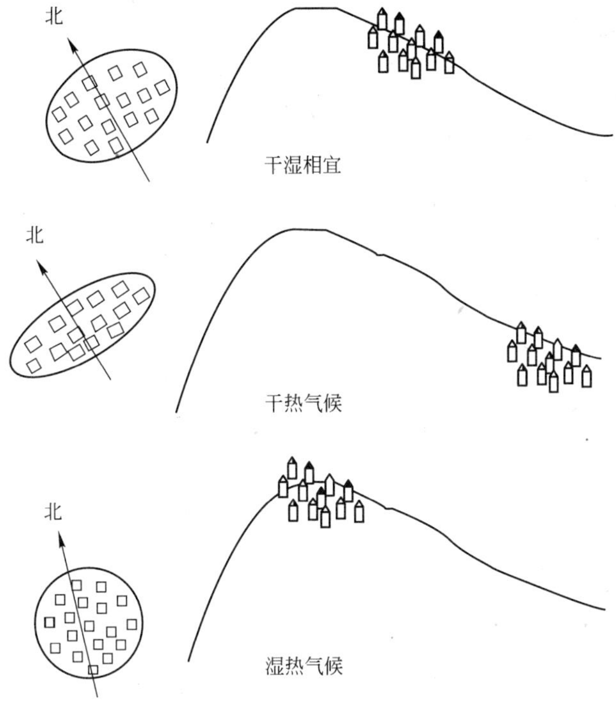

图 11-2 基于气候要求的建筑物群选址

11.3 城区规划

11.3.1 能量利用最佳化

城区规划可以使在整个城区范围内能量利用最佳化。

规划决策要有针对性地提供达到具有最高能量利用效率的土地使用形式。正确地分配、变换和组合这些形式，从而使城市形成建筑物热能、运输以及燃料分配都能需求更少的合理架构。

有几个元素影响城区规划：

(1) 总平面；

(2) 主要交通路径设置；

(3) 居民和商业区的安排；

(4) 景观设计。

要达到具有最高能量利用效率的目标，对于城市新建和开发项目存在几种安排方法：

(1) 集中于现存市中心的安排——核心建构；

(2) 新开发沿现存主要道路安置——线性建构；

(3) 新开发沿现存次级道路安置——扩展线性建构；

(4) 新建卫星城；

(5) 现存村镇开发——扩展核心村镇建构。

图 11-3 描绘了这些安排方法。

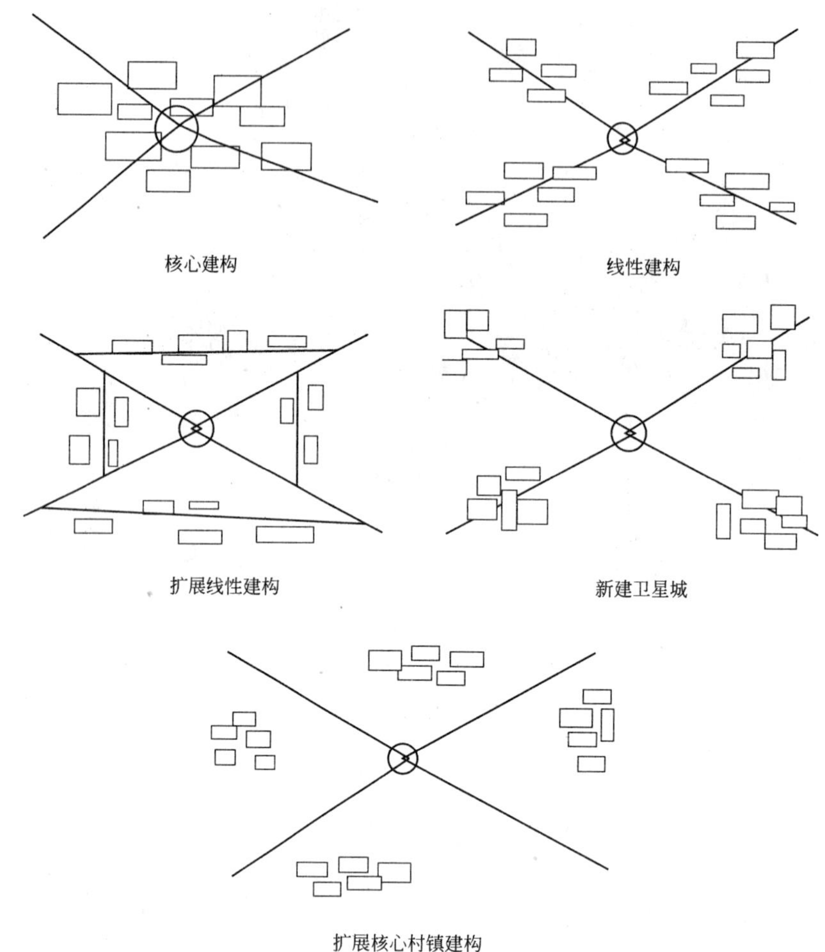

图 11-3 城市新建和开发项目安排方法举例

11.3.2 城区形态

11.3.2.1 城区密度

城市密度是影响局部微气候的关键因素之一：它确定了城区的通风条件、空气温度，对于形成"热岛效应"的作用甚至超过城市规模大小。

一般来说，城区建筑物密度越高，其通风条件越差。从另一方面看，高建筑物密度有助于夏日减少建筑物暴露于阳光之下。而对于通风条件的影响尚与主导风向有关。加大南北朝向建筑物间的距离而东西向台阶式安排不会妨碍通风。对于不同气候类型而言：

(1) 干热气候(如地中海沿岸)：以高密度、窄街、小闭合院落为特点。强调提供遮阳，减少阳光暴露，降低热增益。

(2) 湿热气候：宽阔的大街，确保建筑物间的距离，以利于通风。在冬冷地区也有类似安排，以保证冬天有足够的日照。

11.3.2.2 街道布局

街道的朝向和宽度影响城区的通风条件和建筑物于阳光暴露。这一点对于市中心，比如高密度的商业区和居民区更为重要。

最佳街道安排能为沿街人行道提供良好的通风条件。这样一来，风可以贯穿整个市区；建筑物的前后立面间形成空气压力差，为建筑物提供自然通风的潜能。图 11-4 展示这一空气流穿过街区建筑物群的情形。

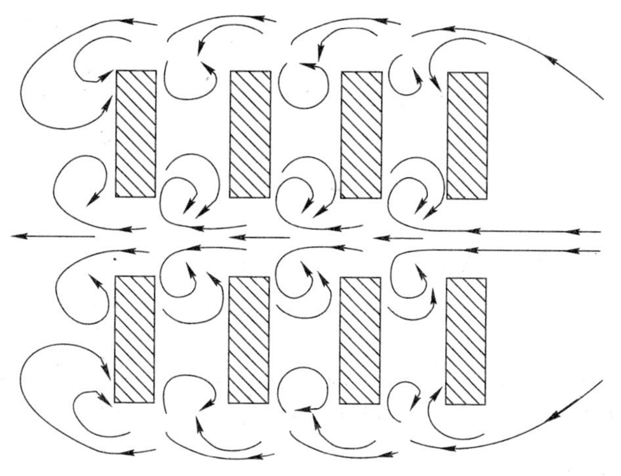

图 11-4 空气流穿过街区建筑物群

沿街：人行道应栽树以遮阳，建筑物提供外伸屋顶、遮阳篷或柱廊等。

当主导风向垂直于街道时，街宽并不重要。但是，在遮阳很要紧的地方，恰当的街宽将会保障建筑物夏日遮阳并且限制太阳沿街斜射。低纬度区，取街宽 5 倍于对面建筑物高，以保证朝南建筑有效遮阳；对于东西向建筑，街宽取 1.5～2 倍遮挡建筑物高即可。

11.3.2.3 建筑物高度

建筑物高度是确定通过建筑物通风模式最重要的因素，与建筑物间距共同标识城区的通风条件。这一参数还影响建筑物接受太阳光辐射的程度。

和在空旷地相比，空气流遇到建筑物阻挡会平均流速变低、局部流速高、形成湍流。这取决于风向、风速、城区布局和建筑物高度。

建筑物正立面迎风，正面的压力超过大气压值，其他面为负压区，如图 11-5(*a*)所示，故形成空气流环绕建筑物；屋顶总是显现负压区，如图 11-5(*b*)所示。

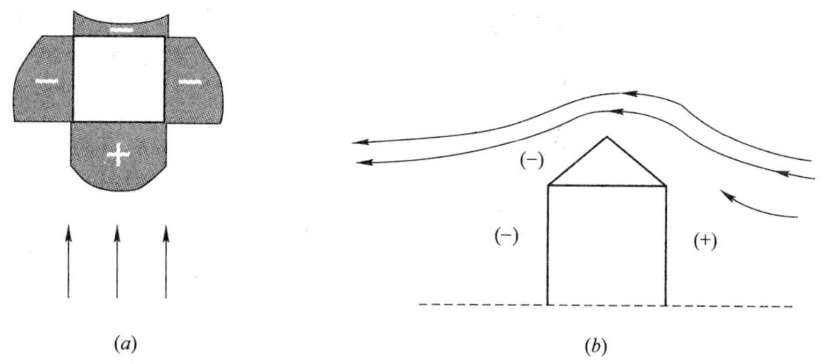

图 11-5 围绕建筑物空气压力分布

一幢“鹤立鸡群”的高层建筑往往在迎风正立面形成强空气旋流，如图 11-6(a)所示。这一结果在严冬可能给人行道带来麻烦，11-6(b)提供了一个缓解办法。

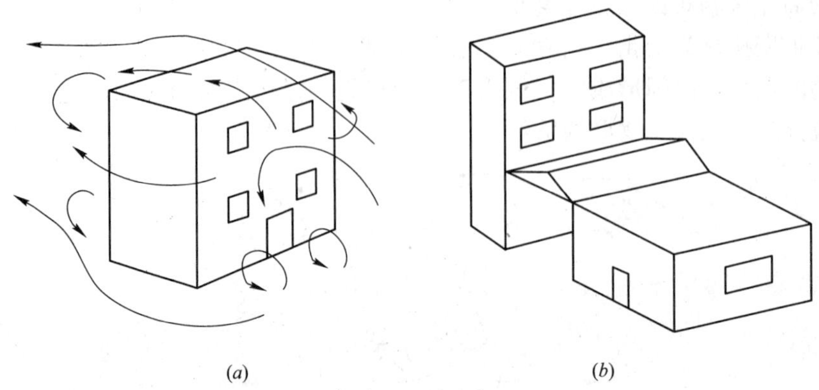

图 11-6 高层建筑正立面形成强旋空气流及缓解方法

11.3.2.4 风景设计

一个城区的微气候可以借助于恰当的景观设计技术，包括植物绿化和开放水面的设置。景观可以安置在大型公共公园、公共广场、邻里公园、沿街植树、围绕建筑物植树绿化或私人花园等形式实现。

(1) 植被：植物绿化对于改善城区微气候十分有效，除了起装饰作用之外，植物绿化还可以减少建筑物能耗、降低空气和地表温度、增加空气相对湿度、空气分流、过滤灰尘、控制空气污染物、阻挡噪声干扰以及起到遮阳的功能。在城区保持大片绿地对丰富城市生活、调节人们心境、创造愉悦而宁静的氛围的作用亦不可低估。建筑物四周植树绿化，夏天能减少空调花费至 35%甚至 50%。根据美国统计：一棵树夏天每日蒸发 100 加仑(gallon)水，制冷效果相当于 5 台空调机同时工作 20h。由于蒸发和遮阳双重制冷效果，干热气候有浓密植被覆盖区域附近气温能降低 5.5～8.5℃。

1) 干热气候地区种植枝繁叶茂具浓密树冠的乔木提供对太阳光严密遮挡，可大大减低太阳光直射和散射，如图 11-7(a)所示。

2) 湿热气候地区树木遮阳由于增加空气相对湿度效果会打折扣，宜种植带轻簇叶树种，利于流通空气，消散潮湿空气，如图 11-7(b)所示。

图 11-7 干热气候和湿热气候植树推荐

实际上，最适合的树种是当地植物，另外一些考虑点包括：

1）特殊生物需求，如土壤类型、需水量、安全温度和耐日晒能力；

2）维护保养花费；

3）当地水资源。

草坪和其他覆盖地表的植被环绕建筑物对保证空气适宜湿度、降低建筑物冷负荷贡献亦很大。

屋顶绿化特别是平屋顶绿化，不仅对空气流通模式有特别贡献，而且可以直接降低室内温度以及缓解“城市热岛效应”。图 11-8 展现了未绿化屋顶和绿化屋顶之间能量收支平衡比较，制冷效果清晰可见。

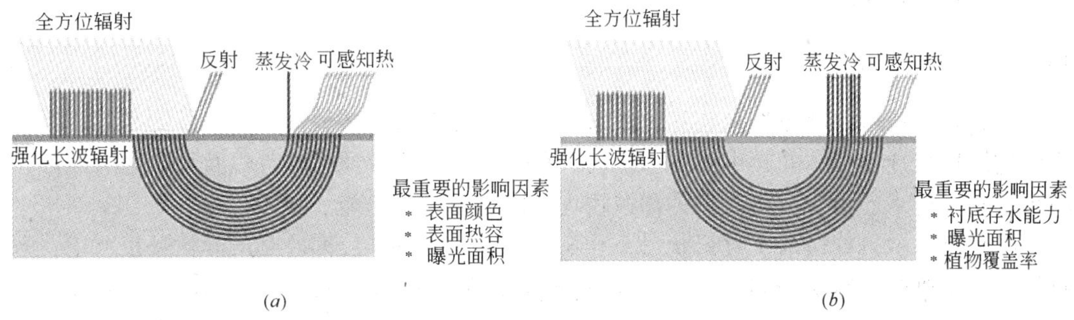

图 11-8　未绿化屋顶和绿化屋顶之间能量收支平衡比较

(*a*)未绿化屋顶；(*b*)绿化屋顶

(来源：Senatsverwaltung für Stadtentwicklung)

（2）开放水面：开放水面附近地区改善空气质量体现在两个方面：蒸发（潜热）；热空气与大热质量体直接接触降温。喷泉、池塘、流水、瀑布或水雾亦可作为制冷源。0.5L 水蒸发相当 0.3kWh 制冷能量。按一般风速和干湿球温度估计，每平方米水面可以释放 200W 冷功率。

因开放水面附近地区空气相对湿度高，湿热气候地区要促进空气流动，防止已经制冷的空气散开，应将其直接导入居民区。

水源奇缺地区要仔细考虑开放水面投资和保养费过高的问题。

防止水面过热，繁殖藻类：水面四周植树。切莫死水一潭，保持流动为上。

11.3.2.5　公共空间

在公共场所，树木身后的空气温度和辐射温度要比道路、水泥或土壤这些硬表面的温度低好几度。植树可以降低热力学应力和酷暑热浪对市民的冲击。因此，沿街道、公园、儿童游乐场要多植树。其他景观元素诸如：凉棚、藤架、小巷、篱笆均可点缀其中。有报道，恰当地安置这些绿色元素甚至可降温 10℃以上。

在城区内开辟令人愉悦的休闲娱乐活动区，或称城区“冷岛”，可以比周边较少绿化区气温低 8℃。

尽管花圃草坪也对空气降温贡献良多，但浇灌水源成为关键。显然，湿热气候地区要比干热气候地区更适合开辟花圃草坪。

绿化带对水土保持，阻挡土壤颗粒、工业粉尘、污染物很有效；还可以吸收氮化物。

有些树种能够对氨、臭氧等污染物反应。研究成果报道，沿街种树能够在每升空气中减少7000 个微粒；6～15m 宽的绿化带可以有效阻挡和降低噪声。

11.4 城区单体建筑设计

城区单体建筑设计要旨在改善环绕建筑物的微气候、减低热增益、促使建筑物自然制冷，这包括如下几个方面：

(1) 单体建筑间的空间：私人花园，院落，前厅；

(2) 单体建筑设计：朝向，造型，开放性，内部格局，功能元素；

(3) 单体结构设计：材料，色彩。

11.4.1 私人花园

景观设计技术包括植物绿化和开放水面的设置可以大大缓解夏天室内外的高温，有效降低建筑物的冷负荷。花园中的树木能提供有效遮阳、改善通风条件以及强日光时经散射减少眩光。树木、灌木、藤蔓和匍匐植物均可以完成这些功能。

树和灌木的选择应基于其形状以及在冬季和夏季的特性。阔叶和落叶树种很有用：夏日树冠繁茂遮阳，秋天落叶，冬日枝叶稀疏可让阳光进入。图 11-9 描绘了这种落叶树功能。

(a)

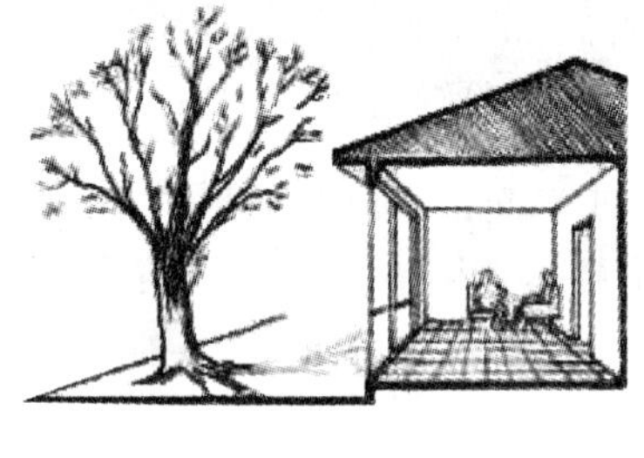

(b)

图 11-9　落叶树夏日遮阳冬天吸纳太阳热量

(a)夏日遮阳；(b)冬天吸纳太阳热量

基于如下要点，Montgomery 推荐了一些挡风对节能有益的树和灌木，列在表 11-1 中：(1)成熟冠高度；(2)成长速率；(3)叶和落叶形状；(4)地面株间距。

防风树种推荐(来源：Montgomery)　　**表 11-1**

中文名		拉丁名	成熟冠高(m)	成长速率	现场特性
落叶植物	柠条	Caragana arborescens	5～11	中	喜阳光，排水好土壤
	俄罗斯橄榄	Elaegnus multiflora	6～11	快	阳光，干燥地区
	银白杨	Populus alba	18～21	快	喜阳光，潮湿土壤
	重瓣麻叶绣球	Spiraea	5～11	快	阳光或遮阳，潮湿土壤
	紫丁香	Syringa vulgaris	5～11	中	喜阳光，城区或海岸
	多枝柽柳	Tamarix parviflora	5～11	中	喜阳光地区

续表

中文名		拉丁名	成熟冠高(m)	成长速率	现场特性
常青植物	银浆果	Elaegnus pungen	8～11	中	阳光或遮阳
	落基山桧树	Juniperus scopulorum	12～17	中	喜阳光地区
	山月桂	Kalmia latifolia	6～11	中	阳光或遮阳
	奥地利松	Pinus nigra	18～24	中	喜阳光地区
	日本黑松	Pinus thunbergii	18～21	慢	海岸，潮湿土壤
	香柏	Thuja occidentalis	11～18	中	喜阳光地区

在建筑物周围植树位置的选择以提供恰当的日照或遮阳为准，图 3-3 就是不错的安排。在建筑物南面装蔓藤架，东南或西南侧植树如图 11-7(*a*)所示，对夏日遮阳很有用。

如屋顶安装太阳能集热器，要小心树高和南向植树位置。

除了遮阳，采用乔木、灌木结合，安置恰当距离可以改善通风，避免晚上习习凉风经屋顶散去；还能够让灌木正确定位，使窗外呈负压，从室内抽出热空气，减轻制冷负担。图 11-10 介绍这些通过种植位置来修正通风效果的安排。

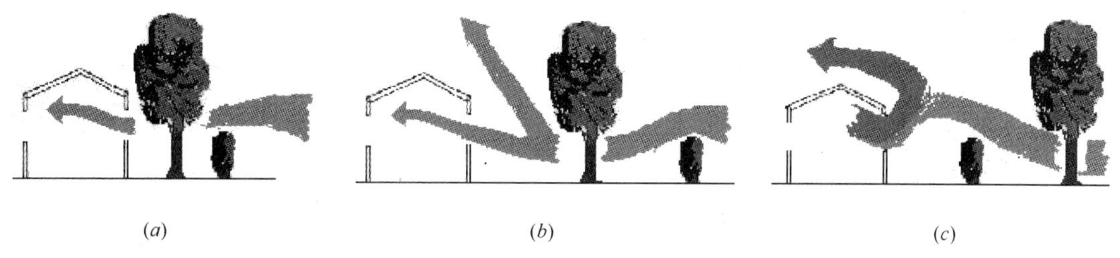

(*a*) (*b*) (*c*)

图 11-10 种植位置修正通风

(*a*)灌木接近树加强通风；(*b*)灌木位置不应让风改道从屋顶逸出；(*c*)灌木定位使呈负压从室内抽出热负荷

植物作为挡风墙，在迎风面与建筑物距离不要大于建筑物高的 1～1.5 倍。乔木、灌木蓬冠组合还可以在建筑物立面形成一个空气死区，前提是：在迎风面与建筑物距离约为建筑物高的 5 倍，在背风面与建筑物距离约为建筑物高的 25 倍。

在私人花园中的小喷泉、小池塘和小流水亦可调节空气，蒸发制冷并将空气导向居室、办公室，让使用者更加舒适。在干热地区，这种花园中的小小开放水面特别有效。在湿热地区，小喷泉、小池塘和小流水宜安置在建筑物的背风向。

11.4.2 建筑特征

11.4.2.1 造型

建筑物的最佳造型应是：冬天热损失和夏天热增益(吸纳热辐射)都最小，这导致：

(1) 干热气候地区：A/V 比小；

(2) 湿热气候地区：如拟通风，开放面积要大；

(3) 不论气候：东西向拉长矩形，冬天热损失和夏天热增益最小。

现代建筑采用大玻璃面积使得建筑内部热增益增加，甚至抵消了造型因素的影响。实际上，设计规范、实地条件、毗邻建筑造型往往成为建筑造型的决定因素。城区经常有高大建筑，开放面积小。其热特性可以通过强调选用材料和建筑部件诸如遮阳设施、翼墙、院落等予以改善。除此之外，热特征还能通过设计造型因子：安排进入建筑物的风道使之实现整个建筑空间彻底通风。

11.4.2.2　内部布局

建筑物的内部布局对于实现整个建筑空间彻底通风至关重要。

在内部布局设计中，恰当的通风开口决定内部通风路径不受干扰。然而，实际上内部空间是需要分割的。这就要求：避免空气流路径被阻挡，应当帮助空气在所有使用空间内运动。为此，安排大空间为空气流上风更妥当，如图 11-11(*b*)所示。

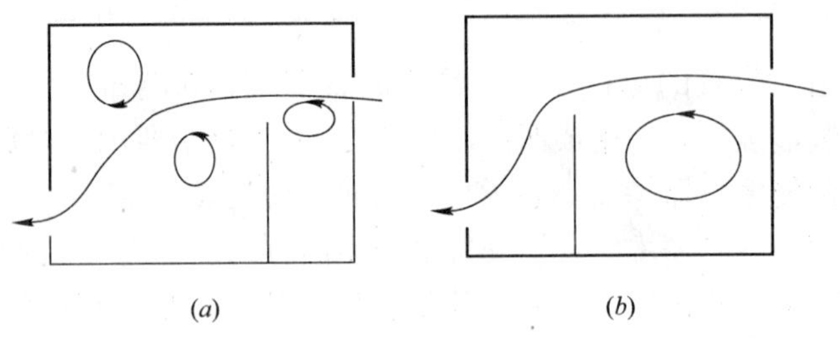

图 11-11　安排大空间作为空气流上风可使通风条件更好

对于高层建筑，利用交叉通风(cross-ventilation)也可以改善通风条件，如图 11-12 所示。

11.4.2.3　建筑物朝向

建筑物的朝向选择原则是使建筑物冬天获取最大的太阳辐射；而在夏天容易操控遮阳。显然，满足这一要求的建筑物朝向应是朝南向。另外，建筑物的朝向往往将前立面朝向主要大街。

(1) 如果街道是东西走向，显然最理想；

(2) 南北走向的大街可作这样安排：建筑物的侧(短)面对着南北走向大街或形成排屋，台地式或腾开空间以利通过行车道从排屋中间至南北走向主要大街；

(3) 对角线式街道亦可安排南北朝向建筑物：既不阻碍通风，保障整个建筑群通风条件；也能维持建筑物私密性。因为建筑物之间窗户彼此之间并不相对，如图 11-13 所示。

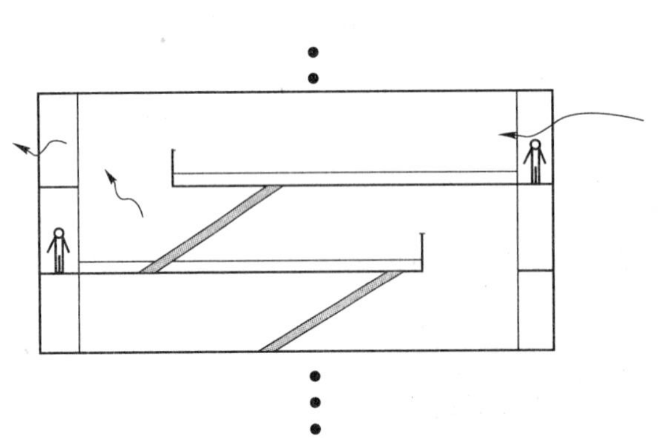

图 11-12　高层建筑中部分层间的交叉通风空气流路径安排

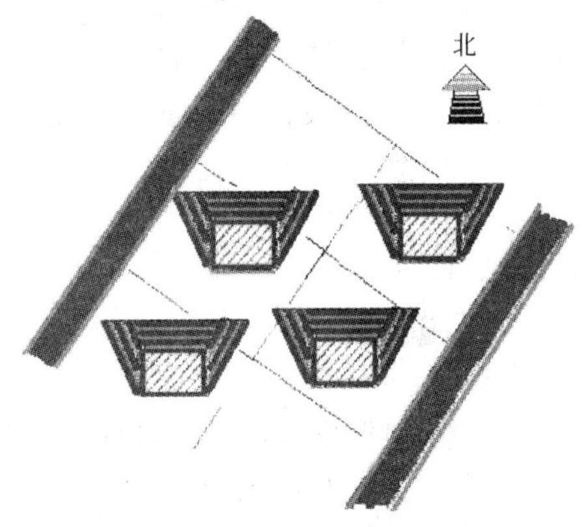

图 11-13　对角线式街道的南北朝向建筑物安排

11.4.2.4 建筑物外表面颜色

建筑物外表面颜色能够影响建筑物的热特性，这是因为建筑物外表面颜色确定了对太阳光辐射的吸收率和反射率。依照入射太阳光辐射光波的波长属性，建筑物外表面颜色越浅，对太阳辐射的吸收率越低，而反射率则越高。

另外，颜色对室内温度的影响还与其他因素，如围护结构材料的热阻和热容、通风速率以及直接太阳热增益有关。

(1) 比起重围护结构，在轻围护结构(低热阻和低热容)时，颜色对室内温度的影响将更强烈。

(2) 当连续通风以及直接太阳热增益大时，颜色对室内温度的影响将被淡化。

(3) 陶瓷材料如白水泥、石膏等因为其高反射率常在高热气候应用，如地中海沿岸地区，如图 11-14 所示。

图 11-14 地中海沿岸地区建筑一瞥

在高热地带，将城区建筑物屋顶、墙、街道由深色变浅色能够降低制冷能耗。计算机模拟结果显示，可以降低城区空气温度 2.8℃。

由浅颜色可能引发的视觉不舒适可以通过应用不同浅色以及采用其他建筑元素调节。

12　热舒适及无源制冷方略选择

12.1　热舒适

12.1.1　建筑物的舒适度

现代建筑旨在提供一个最佳室内环境。当然，这与建筑物的使用功能密切相关。

室内环境包括：

(1) 热力学条件(温度、湿度、空气速度)；

(2) 视觉条件(照度、视觉愉悦)；

(3) 声学条件(低噪声、无干扰)；

(4) 空气质量(新鲜空气、无气味、无空气污染物)。

建筑物室内环境按照上述条件应当达致全方位的舒适，即使得：皮肤对温度、湿度、空气速度有凉爽舒服的感觉；眼睛对光线和温度变化感觉良好；耳朵对气压、对噪声无任何不适；鼻对空气温度和湿度适中、无气味、空气质量达标。

影响全方位的舒适的参数主要有：

(1) 物理参数：

1) 环境空气温度(干球)；

2) 室内墙表面平均辐射温度；

3) 空气相对湿度；

4) 室内空气相对移动速度；

5) 气压；

6) 周围环境颜色；

7) 气味；

8) 光强；

9) 噪声分贝值。

(2) 组织参数：

1) 年龄；

2) 性别；

3) 国家特性。

(3) 外部参数：

1) 人们活动；

2) 衣着；

3) 社会因素。

12.1.2 建筑物的热舒适度

12.1.2.1 热舒适度的定义

建筑节能总是围绕表征分子运动的“热”。热舒适也正是建筑物室内全方位舒适当中最为重要的。

一般地说，人们给出热舒适的定义：在环境中既不感觉冷也不感觉热。这是一个极为复杂的概念，因为它不但与众多影响参数息息相关，而且通过这些参数的组合作用才给出热舒适的最终结果。

热舒适的另一个重要标志在于通过最小的能耗达到热舒适。目前我们可以说：对于实现热舒适而言，没有任何技术上的问题。但是，在得到、保持并且控制热舒适条件的同时，如何最合理地利用能源成为集中关注的焦点。

12.1.2.2 影响热舒适度的重要参数

影响热舒适度的重要参数包括：

（1）空气干球温度；

（2）空气相对湿度；

（3）室内空气相对移动速度；

（4）气压；

（5）衣着；

（6）人们活动。

12.1.2.3 决定热舒适度的热平衡

热舒适可以由上述影响参数的组合效应来达到。我们的兴趣在于：哪些组合可以更高效、更快捷地达致热舒适。某一参数对人体热舒适的影响或许是正面的或许是负面的。一个参数对热舒适正面或者负面的作用能够通过其他参数的变化得到加强或者抵消。

人体的热平衡是一个热量产生(人体新陈代谢的产物)与通过对流、传导、辐射以及从环境或对环境的蒸发形成的热转移之间的动态平衡。人体和环境之间的热平衡可以用下列表达式描述：

$$Q_M - Q_{dif} - Q_{evap} \quad Q_{resp} - Q_r + Q_c$$

式中 Q_M——人体通过新陈代谢产生的热；

Q_{dif}——人体皮肤蒸发散热；

Q_{evap}——出汗蒸发热量；

Q_{resp}——出汗潜热；

Q_r——从一个着装人士外表面对环境的辐射热损失；

Q_c——相对环境的对流热转移。

出汗及随之而来导致蒸发并感觉凉爽的印象是人体在热环境或者剧烈活动时的主要热力学调整。衣着能影响人体和环境进行热交换的量，也影响吸收太阳辐射量的大小。当然，这和衣服材质密切相关。

控制环境条件来达到热舒适可以通过如下途径：

（1）无源控制(环境、着装、新陈代谢)；

（2）有源控制或者混合式(Hybrid)控制(建筑)。

12.1.3 建筑物的通风与热舒适度

不管外面环境如何变换，要达至建筑物的热舒适并且保证室内空气具有一定质量水准，空气流通必不可少。通风系统应当供应足够的新鲜空气，包括数量、质量、速度以及热力学条件等各个方面。

提供一定室外空气的量到室内与所在地国家标准以及室内空间大小相关。

室外空气进入室内要小心行事，因为在大城市污染严重，空气中常含有污染物颗粒、气体和悬浮物。

机械通风和空调系统可以清洁进入室内的空气，但是大大增加了能耗和投资及运行的花费。这时候，过滤器必须严格定期更换或清洗，这对于保证室内空气质量至关重要。

12.1.4 热舒适度指数，预判量化条件和度量

12.1.4.1 热舒适度指数

人们已经提出一系列热舒适度指数来描述热舒适度：

(1) 直接指数(干球温度、湿球温度、相对湿度、空气速度)；

(2) 合理导出指数(平均辐射温度、运行温度、热压力指数、热应力)；

(3) 实验指数(有效温度、标准有效温度、赤道舒适)。

在上述舒适度指数中，已知任何两个指数，其他均可以在标识潮湿空气的热动力学特性的空气焓湿图中导出。

12.1.4.2 热舒适度预判条件

热舒适是一个复杂的概念，存在很多影响因素以及更多它们之间的组合。另外，即便对于同一热舒适环境条件，也不一定被所有人认同。然而，人们还是不断尝试，力图开发出对生理反应相关感觉经验修正的量化表达。这些量化表达比起 12.1.4.1 节所述的热舒适度指数显得更为深刻、更为全面。

在众多热舒适度预估量化表达当中，预估平均投票(Predicted Mean Vote，PMV)是得到认可最多的。PMV 是通过一个复杂的数学函数关系式并且基于人体活动、衣着以及四个环境参数计算出来的。自 1984 年起，PMV 就作为 ISO 7730 建筑空间热舒适的预估基础。PMV 是从人体在给定环境和最佳舒适度之间的不平衡来进行估算的。PMV 的值从 −3 到 +3(−3 冷，−2 凉，−1 稍凉，0 舒适，+1 稍暖，+2 暖，+3 热)。

再者，建筑静止状态的热舒适度预估量化表达与人的不同行为和人体活动时热舒适度感觉是不同的。尚有相应涉及人体行为活动程度的热舒适度预估量化表达模型提出。

12.1.4.3 热舒适度的量测

对热舒适度的测量经常有：

(1) 空气温度；

(2) 空气速度；

(3) 围护结构平均内表面辐射温度；

(4) 空气湿度。

已有直接测量建筑空间热舒适度的测量仪器出现。

12.1.5 围绕热舒适区的空气湿度图

在5.1.1节，标识潮湿空气的热动力学特性的空气焓湿图(psychrometric chart)的表示已经予以介绍。图12-1就是描绘围绕舒适区的空气湿度图，图的横坐标为空气的干球温度；纵坐标空气的湿球温度；相对湿度为左低右高的斜线。100%线意味着达到饱和状态。

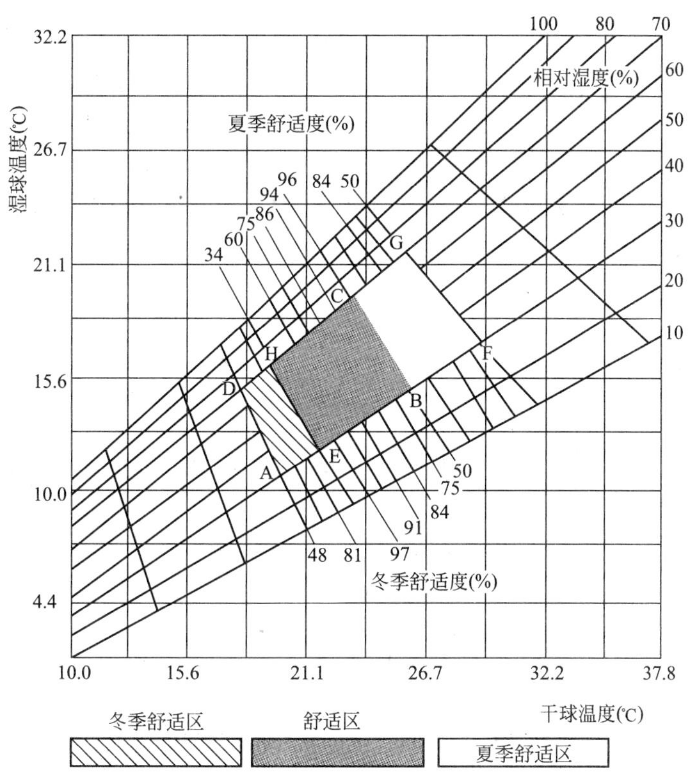

图12-1 围绕舒适区的空气湿度图(来源：ASHRAE，1989)

一般来说，多数人并不认为相对湿度低于30%和高于70%属于舒适区。然而，在夏季和冬季，舒适区的认同会有所偏移。图12-1中，冬季舒适区标识为红色；夏季舒适区标识为蓝色。

图12-1所示围绕舒适区的空气湿度图基于如下前提：

(1) 目标人员着装室内生活；

(2) 目标人员做较轻活动，如办公室工作；

(3) 空气流速为0.1m/s(几乎静止)；

(4) 没有辐射效应。

图中分别标出冬季舒适区和夏季舒适区的相应小区域热舒适认同程度百分比量化表达。

12.2 无源制冷资源

在制冷技术出现之前，人们都采用自然的方法制冷：习习凉风由窗而入；涌泉和喷水的蒸发；大块石头和土壤白天吸收热量。这些思想发展历经几千年并且已经融入我们的建筑设计。如今，人们称之为“无源制冷”。

令人可笑的是：现在，无源制冷却将成为要求系统运行复杂的机械制冷的一种“替代”。把无源制冷技术植入现代建筑，就可以取消机械制冷或者至少大大降低机械制冷设备的规模和花费。

12.2.1 自然制冷资源

与建筑规划设计的精心考量和人们节能低碳的生活理念相结合：空气移动、蒸发制冷和地球耦合的热质量可以在各种天气条件下提供足够的热舒适。

12.2.1.1 空气移动

空气移动是无源制冷最重要的元素，它通过增加蒸发制冷速率来提高制冷效果。

建筑物空气穿流是最为有效的空气交换手段。风扇吹动空气使人凉爽。在相对湿度为50%时，空气流速为0.5m/s等于降低温度3℃的效果。当相对湿度更高时，空气流速应再提高。

1. 习习凉风

穿堂入室的习习凉风可算无源制冷设计的一个重要元素，如岸边、山丘到峡谷。即便在平原地区，设计适当的空气流通道、减少阻挡也能充分利用凉风：熟悉影响当地微气候的地形和地物特点，引入凉风，过滤强风，排除热风及寒风来袭。

图12-2显示利用百叶窗和窗扉调控室内空气流分布的方法。

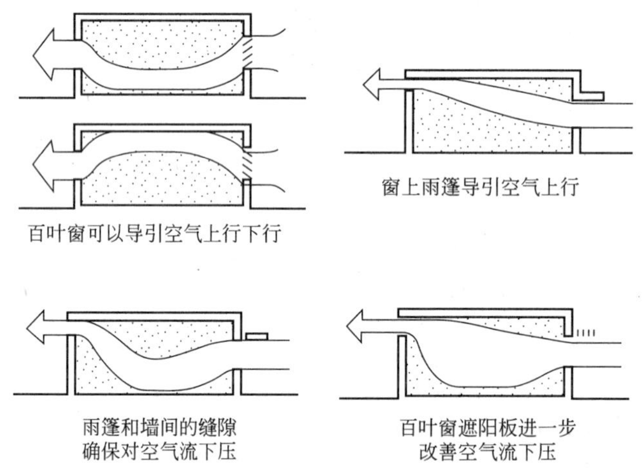

图12-2 利用百叶窗和窗扉调控穿过室内空气流分布

2. 空气对流

空气对流移动依赖于热空气上升并从最高处排出，同时经水面或者凉爽遮荫的地面吸入外部空气。

空气对流移动能使建筑物制冷，但空气流速有限。太阳烟囱可以改善之（见4.8.3节）。天窗、屋顶通风、屋檐等也可在风静时协助排热。

3. 风扇

在风平静之时，风扇往往作为空气流动的补充手段。

12.2.1.2 蒸发制冷

因为水的潜热大，蒸发制冷成为非常有效的制冷手段(图 12-3)。

蒸发制冷在第 5 章有详细介绍，包括无源，有源和机械式蒸发制冷设施。

12.2.1.3 地球耦合的热质量

热质量块(比如地面、水泥板)与大地直接耦合可以大大降低室内峰值高温而让大地吸收，这等于加大热质量(图 12-4)。第 6、7 章介绍的内容更深层地利用地热资源。

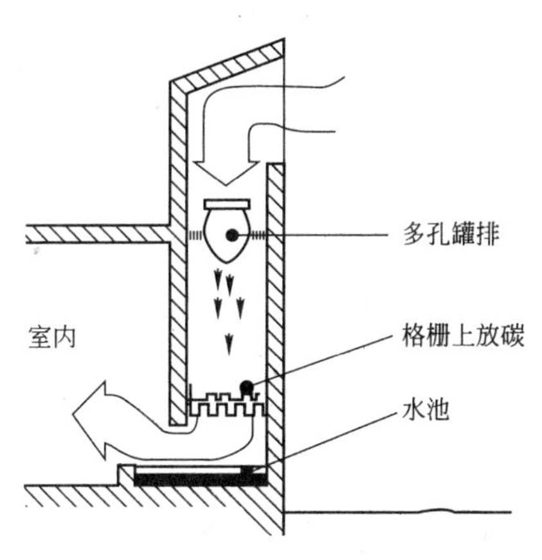

图 12-3 蒸发制冷(来源：Steve Szokolay)

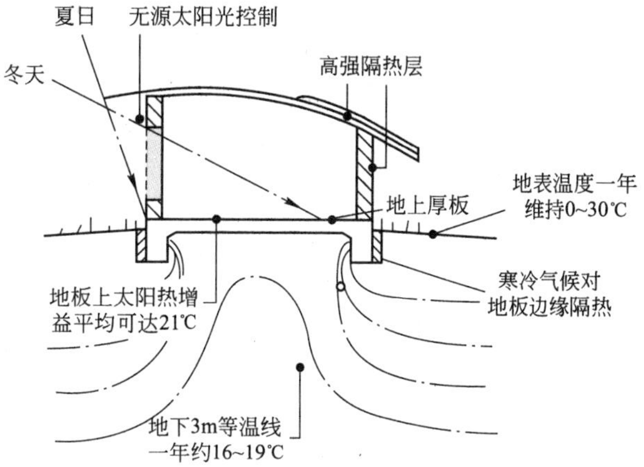

图 12-4 大地包络的建筑结构可以吸收热增益

然而，最大的热质量块可算地下或者半地下建筑。图 12-5 所示大地房子可以最大程度地吸收热增益，冬暖夏凉。

图 12-5 大地房子(来源：Peter Vetsch)

12.2.2 混合制冷系统

混合(hybrid)制冷系统适合带有高湿度的热带气候地区或者现有房屋已经应用了机械制冷设施。

混合制冷系统采用各种制冷方式(包括空调)，全方位地以最高效能对整个房屋制冷。混合制冷系统最大限度地发挥可实现的无源制冷的优势，并且在极端情况下启用机械制冷系统。

在高湿热情况下，空调可供热舒适。但是，其安装和运行费用高、耗费大量电能、要求房屋封闭，这往往与环境很不适应。

结论是：尽量不用空调系统；不得不用时，尽量少用。

12.3 无源制冷方略选择

12.3.1 按气候特点选择无源制冷方略

12.3.1.1 高湿热气候

在这种气候区，具有如下特点：

(1) 高湿度限制了人体借助排汗蒸发散热的功能；

(2) 睡觉舒适成为最重要的事——特别是在最高湿度情况下。

无源制冷方案建议(见图 12-6)：

(1) 设计屋檐及遮阳设施防止太阳射入；

(2) 设计良好的穿越通风；

(3) 屋顶排出热空气自如；

(4) 周边绿化遮阳并降低地表温度；

(5) 良好的围护结构隔热反射，以便白天减少热增益晚上加大散热；

(6) 开窗通风；

(7) 屋顶安排风扇通风，以备无风期；

(8) 当无外面习习凉风时，安排智能控制夜间通风。

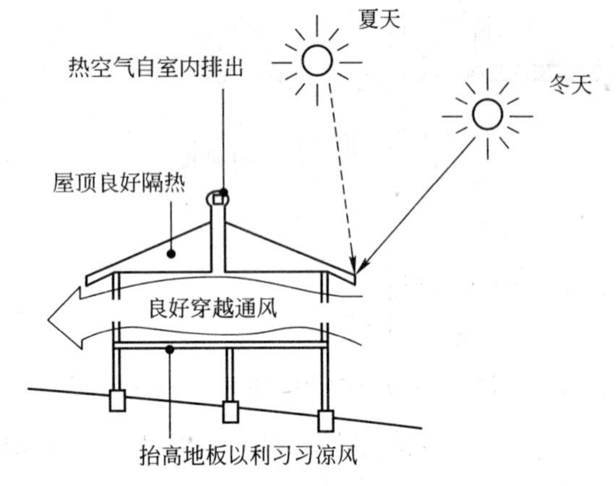

图 12-6 高湿热气候无源制冷

12.3.1.2 夏天干热气候

无源制冷方案建议(见图 12-7)：

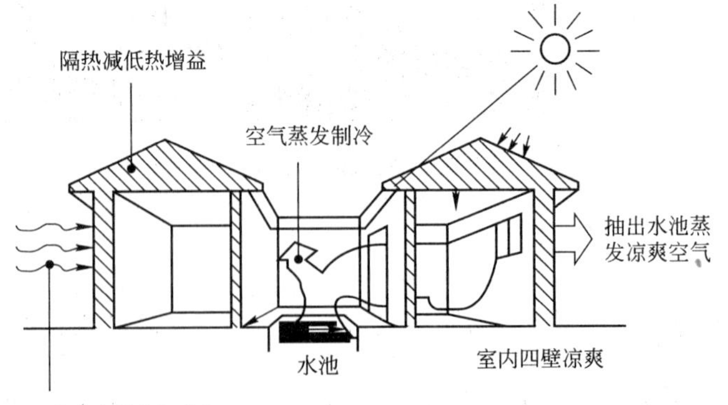

图 12-7 干热气候无源制冷

(1) 蒸发制冷＋机械制冷系统最理想；
(2) 必要时屋顶安排风扇通风；
(3) 当冬季寒冷采用高热质量，当冬季温和采用低热质量；
(4) 设计良好的遮阳，特别是在东西窗(减小东西向玻璃窗面积)；
(5) 密封门窗防干热空气带灰尘，但可开放供习习凉风吹过。

12.3.1.3 较长期湿热气候

无源制冷方案建议(图 12-8)：
(1) 冬天太阳能采暖；
(2) 可调式遮阳；
(3) 采用高热质量；
(4) 朝向设计可开放，供习习凉风对流吹过；
(5) 蒸发制冷；
(6) 良好的围护结构隔热反射，以便夏天减少热增益，冬天减少热损失。

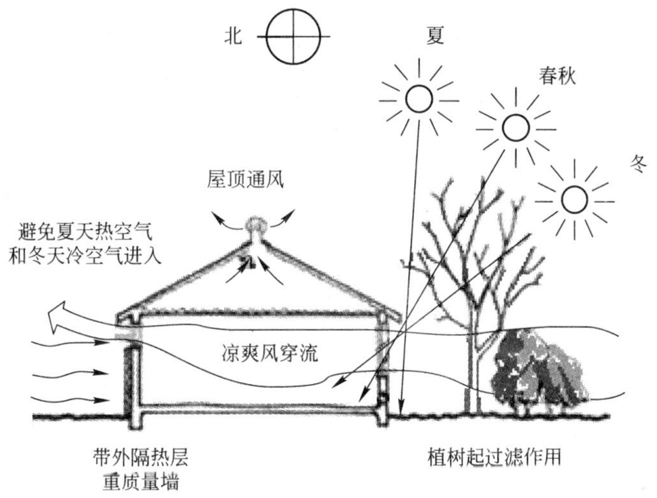

图 12-8 较长期湿热气候无源制冷

12.3.2 基于生物气候图选择无源制冷技术方略

无源制冷是基于建筑和其所处环境之间的相互作用。因此，在决定无源制冷方略前，必须确定当地气候和其他环境因素。

主要无源制冷技术包括：
(1) 自然通风(见第 4 章)；
(2) 蒸发制冷(见第 5 章)；
(3) 高热质量(见第 4、6、7 章)；
(4) 高热质量带夜间通风(见第 4 章)。

所有这些无源制冷技术思路都依赖于当地昼夜温差以及相对湿度。应用下面生物气候图可以方便地确认哪种无源制冷技术更适合您的需要。

图 12-9 所示生物气候图按照室外温度和相对湿度定义了上述四种无源制冷技术方略

的使用。应用此生物气候图可以方便地确认哪种无源制冷技术更适合当地气候和建筑地点。

首先，从有关部门得出当地一年中每月如下气候信息：

(1) 平均最高气温；

(2) 平均最低气温；

(3) 平均最高相对湿度；

(4) 平均最低相对湿度。

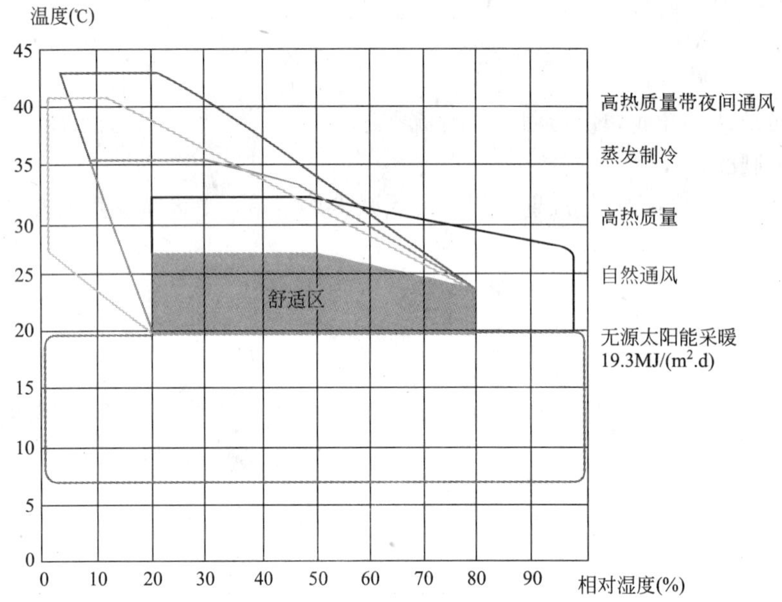

图 12-9 用生物气候图选择无源制冷技术方略(来源：oikos)

然后，在这张生物气候图上绘出每个月的如下两点：最低气温和最高相对湿度以及最高气温和最低相对湿度，用一条线连接这些点。对于每个月绘制类似的线，每条线代表日平均昼夜温差和湿度。

四个无源制冷技术方略在这张生物气候图上显现出其彼此之间相互重叠的区域。如果上述画出的线穿过这些区域，则表明这个无源制冷方略适合于这一气候条件。可能有些月份同时涉及几个不同的方略，为降低花费可选择其中一个或两个方略，亦或两者组合并且融入建筑设计。

此生物气候图上绘出的无源制冷技术方略均考虑：无论是居住还是其他用途，室内内部热增益必须要小——每人每天 21.1MJ。

另外，这一无源制冷概念优先强调的是摆脱建筑物中累积的热增益。当然，应该首先通过提高建筑物围护结构隔热的水准，采用高效热阻挡的窗户，正确地安排朝向，以及通过建筑部件恰当遮阳和植树绿化来减少热增益。这些举措在第 3、5、8、9 和 11 章已经分别予以详述。

无源太阳能加热也能够采用这张生物气候图，无源太阳能采暖可以作为在画出的线位于“舒适区”以下时的处理方略。

13 质 量 保 证

正如在本丛书第一册所述：

“苛求的无源房屋在整体方案中体现了一些新的设计原则：如密封建筑围护外壳、避免热桥等。这些原则正不断地受到关注和坚持，从设计到施工自始至终地得到确保。通过一个对整个建筑全过程进行跟踪的质量保证体系，任何缺陷和毛病在建房准备阶段就能被发现并设法排除。这样，对上述建筑物新要求的特性则能长久地保持。”

在德国，无源制冷建筑项目的质量认证已经开始付诸实施。

13.1 无源制冷的办公室建筑项目

13.1.1 项目概述

图 13-1 所示的建筑物是坐落在德国幕尼黑市的夫琅和费大厦(Fraunhofer-Haus)。1997 年 7 月，建筑师 Günter Henn 为这座大厦设计的方案被接纳，1999 年破土动工，2003 年建成。此建筑最高 16 层共计 65m，现为欧洲最著名的应用科学研究机构 Fraunhofer-Gesellschaft 总部所在地。

这座建筑物尽可能地设计开敞使得通风顺畅，并实施夏季夜间通风和建筑部件无源制冷。在图 13-1 中横向的 5 层楼房，遮阳设施清晰可见；后面高层建筑上双层前立面的通风活门正在敞开着。

图 13-1　德国幕尼黑市无源制冷办公室建筑——夫琅和费大厦(Fraunhofer-Haus)(来源：Fraunhofer ISE)

13.1.2 办公室建筑项目的无源制冷

这座带有无源制冷的建筑物实现了舒适的室内小气候，但是并没有采用任何高花费、高耗能的制冷设备。为了能仅仅借助于自然热沉降、自然通风和利用地热资源使建筑物制冷，必须降低建筑物内部产生热负荷和射入的太阳热负荷，并且充分利用建筑物自身的热存储容量。再者，无源制冷的实现还应当与建筑设计和建造技术紧密结合在一起才能运行。

在一幢建筑物的设计以及施工过程中，完全不同合作者之间的密切合作必不可少。然而，其间却经常发生各方目标间的冲突，比如：冬季希望更高的太阳热量所赢，以期降低采暖能量消耗；而夏季希望太阳热量所赢尽量少，以避免建筑物过热。

13.2 无源制冷办公室建筑的质量认证

13.2.1 质量保证过程概述

在上述项目进行过程中，一个对于带有无源制冷功能的办公室建筑质量认证过程同时被开发出来。这为今后办公室建筑从设计开始阶段就有确定的质量标准可依，提供质量认证的方法和程序。

依托一个质量保证的方法或程式，对于所有项目参与者来说，设计最终决策所产生的效果变得非常透明。这样一来，给建筑师、投资方、施工单位以及建筑物运营管理者都提供了坚实的基础，得以在设计阶段做出相应决策时能够达成共识。

一旦此建筑物投入使用，无源制冷的功效应当经技术测量所证实。经过这些技术测量，除了进行对相关产品(如风机或者遮阳设施)的验收之外，整个“制冷”系统也得到评估。

13.2.2 质量保证证书

这样一来，可以提供一种证明文件。在这个证明文件中，全部的无源制冷计划都能给予一个完整介绍。用这种制冷案例的成功经验，无源制冷方案将会得到更广泛的应用并且为我们的办公室建筑能量节省和建立更好的室内小气候做出贡献。

14 有关无源制冷的书籍

Somaya Taha Abou-El-Fadl,

Hybride und Passive Kühlung von Wohngebäuden in Trocken-Heissen Gebieten am Beispiel Oberägyptens

Ibidem-Verlag Stuttgart, 1999

Manfred Hegger, Matthias Fuchs, Thomas Stark, und Martin Zeumer,

Energie Atlas: Nachhaltige Architektur(Konstruktionsatlanten)

Birkhäuser, München, 2007

Baruch Givoni,

Passive and Low Energy Cooling of Buildings(Architecture)

John Wiley & Sons Inc. , New York, 1994

Holger Koch-Nielsen,

Stay Cool: A Design Guide for the Built Environment in Hot Climates

James & James(Science Publishers)Ltd, 2002

Daniel D. Chiras,

The Solar House: Passive Heating and Cooling

Chelsea Green Publishing Company, 2002

Mark Zimmermann

Handbuch der passiven Kühlung: Rationelle Energienutzung in Gebäuden

Fraunhofer IRB Verlag, 2003

Gerhard Hausladen, Michael de Saldanha, Wolfgang Nowak

Einführung in die Bauklimatik

Klima-und Energiekonzepte für Gebäude

Angewandte Bauphysik

Ernst & Sohn, 2003

ROBERTO GONZALO, KARL J. HABERMANN,

ARCHITECTURE ET EFFICACIT Ė ĖNERGĖTIQUE

PRINCIPES DE CONCEPTION ET DE CONSTRUCTION
BIRKHÄUSER，2008

S. Yannas，E. Erell，& J. L. Molina
Roof Cooling Techniques——A Design Handbook
Earthscan，London，2006

J. Cook.
Passive Cooling，
MIT Press Cambridge and London，1989

VDI4046，Vol 1-4
Thermische Nutzung des Untergrunds
Beuth Verlag，Berlin，2006

M. Santamouris & D. Asimakopoulos
Passive Cooling of Buildings
James & James(Science Publishers)Ltd，1996

EDITOR：M. Santamouris
Advances in Passive Cooling(Buildings，Energy and Solar Technology Series)
Earthscan Publications Ltd，London，2007